なぜ大手の自動車メーカーは失敗し、

田舎の車販売店がサブスクで成功できたのか?

岡野茂春
OKANO SHIGEHARU

幻冬舎MC

なぜ大手の自動車メーカーは失敗し、
田舎の車販売店が
サブスクで成功できたのか？

はじめに

サブスクリプションサービス（サブスク）を利用する人が増えています。

サブスクは、商品やサービスを一定期間、一定の金額で利用する仕組みのことで、2019年の流行語として選ばれ、広く知られるようになりました。

若者を中心によく利用されているサブスクでは、音楽配信のSpotifyやApple Musicなどが代表例に挙げられるでしょう。動画配信のAmazonプライムビデオやNetflixなどもサブスクの成功例です。

最近では食料品、衣類、化粧品など、あらゆる日用品がサブスク契約を通じて利用できるようになりました。

例えば、月額1万1000円で食べ放題コースを利用できる「焼き肉食べ放題PASS」や、月額5800円で新品新作の洋服が借り放題になる「MECHAKARI」（メチャカリ）のほか、月額1650円で自分にピッタリのコスメをセレクトし届けてくれる「BLOOMBOX」（ブルームボックス）などがあります。これらはほんの一例ですが、さまざまな企業がユニークなサービスを展開しています。

矢野経済研究所が２０２０年4月に発表したレポートによれば、サブスクの市場規模は２０２０年時点で８０００億円弱。その後3年間で1兆円を超える規模に成長すると予測しています。

しかし、いくら成長市場とはいえ参入すれば必ず成功するとは限りません。冒頭に挙げたサービスはほんのひと握りの成功例に過ぎず、その影には、大手企業であってもサブスク事業に失敗するという実態があるのです。

例えば、スーツメーカーのＡＯＫＩやファッション通販サイトのＺＯＺＯは定額で洋服や小物を利用できるサブスクを展開しましたが、いずれも撤退しています。

自動車業界の事情も同様で、アメリカではＧＭがキャデラックのサブスクを始めましたが、すでに撤退しました。フォードやＢＭＷのほか、日本国内でもトヨタ自動車が展開するＫＩＮＴＯ（キント）が伸び悩んでいることはよく知られています。

資本力があり、積極的に宣伝もしている大企業が、なぜサブスクでは失敗するのでしょうか。

私は地方の小さな街で中古車販売会社を経営しています。サブスクという言葉が普及する前の２０１２年に中古軽自動車のサブスクを開始し、これが今は主力事業になっています。私の会社が展開するサブスクは、車両代、車検代、自動車税、メンテナンス費用などすべて含み、月々４９８０円で軽自動車に乗れるという内容です。この価値が支持され、現在までに1万台以上の契約を獲得。サービスを展開する拠点も青森から九州まで全国に拡大しています。

この事業が成功した理由は、顧客である地方ユーザーの真の欲求（カスタマーインサイト）を見極めたことにあります。さらに、商品そのものではなく、ユーザーが商品を利用することで得られる体験（カスタマーエクスペリエンス）の充実を重視し、サービスの仕組みを作り上げたためです。

地方は、通勤、通学、買い物、通院などのために車が必需品であり、一人1台ずつ、複数の車をもつ家も珍しくありません。そのため、なるべく車にお金を掛けたくないというのが利用者の本音です。

また、生活必需品であるがゆえ、故障や不具合が起きると非常に困るのですが、女性や高齢者層はメカに詳しくない人がほとんどです。メンテナンスや車検の手間を省きたいと感じている人もたくさんいます。

私はこういった状況を踏まえて、安く、手軽に車に乗れる仕組みを作り出そうと決意。「ユーザーがいくらなら安いと感じるか」「どの手続きを面倒に感じているのか」など、カスタマーインサイトにとことん向き合った結果、カスタマーエクスペリエンスを満たす今の事業モデルにたどり着いたのです。

もちろん、その過程では乗り越えなければならないいくつもの壁がありました。その一つが、当時月額2~3万円と高額だったリース料金を、より安くすることでした。私は信販会社と根強く交渉を続けました。結果、価値がないとみなされていた中古軽自動車に十分な市場価値を認めてもらい、月額1万円切りができるような残価を設定することができたのです。

私が考え出した中古軽自動車のサブスクを振り返っていえることは、たとえサブスクが時代にマッチする優れたサービスであったとしても、カスタマーインサイトに根差さない、サービスありきのマーケティングでは成功できないということです。

本書は、私が中古軽自動車のサブスクサービスを作り出したプロセスを踏まえながら、顧客ニーズとの向き合い方、事業モデルの作り方、仕組み化のポイントを公開します。

顧客ニーズが多様化し、複雑化する時代を生き抜くために、本書で取り上げる事業成功の秘訣が一助になれば幸いです。

目次

第2章

顧客が本当に求めているものとは　時代はモノ売りからコト売りへ

第4章 月々5000円で車が手に入る 田舎でうけた「中古車のサブスクリプション」

第6章

顧客の悩みを分析すれば、コト売り時代のマーケティングが見えてくる

第1章

大手自動車メーカーも 失敗する「サブスクサービス」

サブスク時代の到来

あらゆるサービスがサブスクを通じて利用できるようになっています。なかでも特に利用率と認知度が高いのは、動画、音楽、書籍などデジタルデータの配信サービスです。利用者の内訳を見ると、動画は約8割、音楽も5割近くに上ります（2019年12月時点）。

一方で、実際の商品を提供するサブスクも広がっています。ミールキットのサブスク（定期的に食材が届くサービス）Oisixは、2013年に開始して以降契約数が右肩上がりに増えています。直近の調査では、家事を担当することが多い女性層（関東在住の20～50代）で、認知度が80％を超えているというデータがあります。

実際に市場規模を見ると、2019年度の国内市場（支払額）で6000億円超となり、1年前から15％以上も拡大しました。

その勢いは止まらず、2023年度には8000億円を超えるという予測もあり、1兆

サブスクリプションサービスの国内市場規模予測

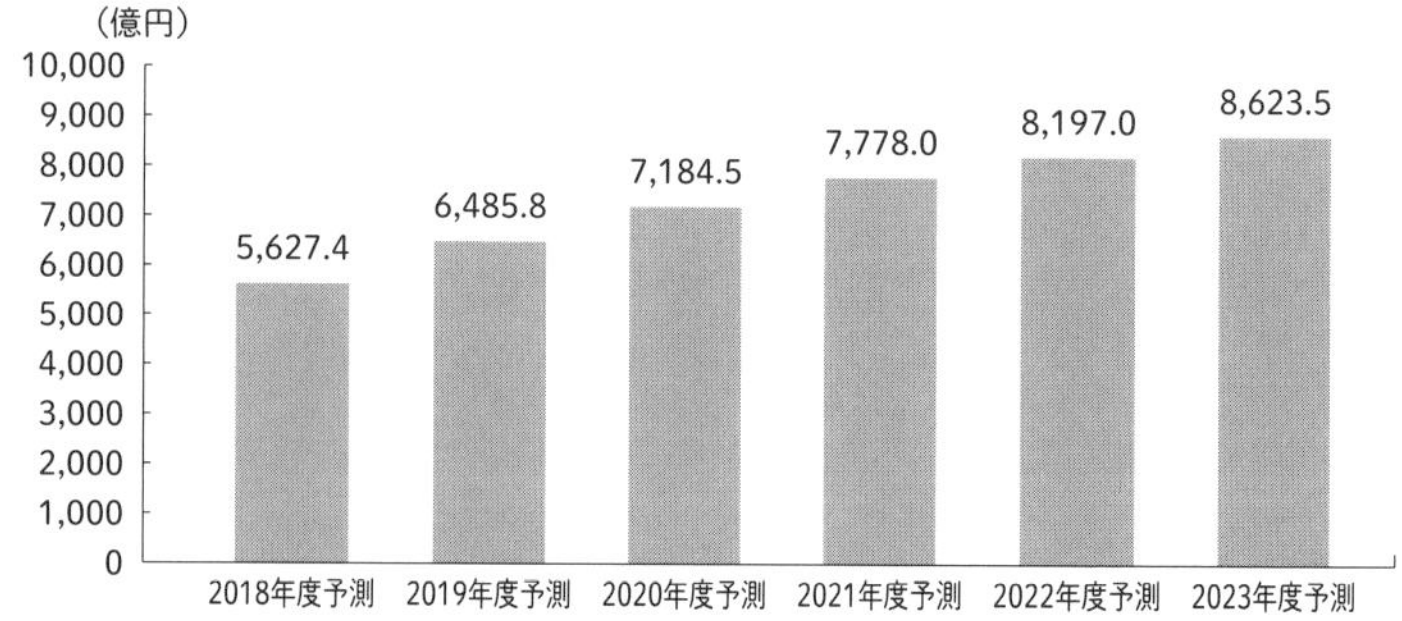

出典：三菱UFJリサーチ＆コンサルティング「サブスクリプション・サービスの動向整理2019年12月9日」
（注）エンドユーザー（消費者）支払額ベース
市場規模は1ファッション系定期宅配、2ファッションサービス（但し1を除く）、3食品系定期宅配、4飲食サービス、5生活関連、6住居（シェアハウスやマンスリー系賃貸住宅は対象外）、7教育（但し通信教育は対象外）、8娯楽（月額定額で利用できる音楽と映像サービス）の8市場の合算値

円市場も見え始めています。

6000億円や1兆円といった数字がいまいちピンとこない人も多いかもしれませんが、市場規模で近いのは、例えば、ゴルフ場、遊園地、冷凍食品、レンタカーなどで、それぞれ約6000～8000億円の市場です。

これらメジャーな市場と並べてみると、誕生してまだ日が浅いサブスクがいかに成長力がある市場かが分かります。

サブスクの定義

私たちの身の回りで目にするようになり、実際に使われているサブスクですが、

定額で継続できるサービスという点では、新聞や雑誌の定期購読、ヤクルトの定期購入などと変わりません。実際、アメリカでは雑誌の定期購読のことをサブスクリプションと呼んでいます。

また、定額で使い放題や食べ放題になる「放題」についても、今に始まったことではなく、昔から食べ放題、飲み放題はありました。

これらのサービスと最近のサブスクサービスの一番の違いは、決まった間隔で同じ商品がただ送られ続けるわけではないということです。先ほど例に挙げたOisixは、20種類以上の献立から好きなメニューを選び食材が届くサービスで、毎週1メニューからでも注文が可能です。利用者が払う料金は買った分だけ、入会費や年会費も掛かりません。

つまり、Oisixのようなサブスクサービスは、利用者の「買いたい」「使いたい」という気持ちをつかんでおり、利用してみた人に「長く使いたい」と感じさせる工夫をしているのです。

この2点（「使ってみたい」と感じる、「使い続けたい」と感じる）は、新規でサブスク型の事業を考える際も、既存事業をサブスク型に作り替える際も、外してはならないポイントです。事業の行く末の明暗を分けるポイントといってもよいでしょう。

テクノロジーの発達が追い風

サブスクは、利用者にとって面倒な手続きを省けてこそ、「使い続けたい」と思ってもらえるサービスになります。「面白そうだ」「良さそうだ」と感じたらすぐにオンラインで契約して使える、「やっぱりいらない」「思ったより使わない」と感じたときには簡単に解約できる必要があります。

こういったサブスクのメリットは、テクノロジーの発達が可能にしています。インターネットが普及し、ネットワーク網が広がり、昨今ではデジタル化やDXといった言葉もよく耳にするようになりました。

つまり、テクノロジーの発達がサブスクのメリットを高め、それが結果としてサブスクの急成長をもたらしているのです。

サービスをカスタマイズできるツールの出現

あらゆる面でテクノロジーが発達するなかでも、特に大きな変化といえるのがスマートフォン（以下スマホ）の普及です。スマホ上であらゆることができるようになり、さまざまな店と接点がもてるようになりました。この接点のことを、ＩＴやマーケティングではデジタルタッチポイントと呼び、サブスクの浸透に大きく影響しています。

例えば、音楽を聴きたいと思ったとき、スマホ以前の世界では、ＣＤを買ったり借りたりしに行かなければなりませんでした。映画が観たいときはＤＶＤを入手する必要がありましたし、サブスクの先駆者であり開拓者ともいえるAdobeのソフトウェアについても、以前は家電量販店やパソコンショップに買いに行く必要がありました。

しかし、今は手元のスマホから動画や音楽（のサブスク）にアクセスできますし、ソフトウェアも同様に、オンライン契約でき、契約後は自動的に更新され、常に最新の状態が維持できます。

このような環境が整ったことで、欲しいと思った商品（音楽、動画、ソフトウェアなど）が個人の好きなタイミングで入手しやすくなりました。

ここで一つ肝心なことは、「スマホだからうける」わけではないということです。スマホ活用は、それはそれで大事です。

しかし、スマホもあくまでもサービスを利用するためのツールです。重要なのは、スマホを使ってサービスを利用している人たちが、自分の好みや感性でサービスを選ぶ時代になったということです。利用者にとっては、使いたいサービスを、使いたいときに、使いたいだけ使えるのがサブスクのメリットです。そのための契約と解約のツールとしてスマホは最適なツールです。

そのため、いくらスマホからアクセスしやすくしても、利用者が「使ってみたい」と思うサービスでなければ利用者も売上も増えません。利用者側としては、スマホの進化によって、今以上に自分に合うサービスを自分にとって使いやすい形で使えるようになりますが、事業者側としては、利用者の好みや感性に合うサービスにしなければ、選ばれず使われない時代になるということです。

サブスク支持者に見るサービスの特性

サブスクの急拡大で注目したいのは、若い層の利用者が多いことです。データ上でも、サブスクの利用者層を年代別に見ると、利用率、認知度ともに、若い人ほど高く、年齢が上がるとともに低下していきます。

これは、若い人が新しいサービスに敏感で好奇心があることや、スマホ利用率が高いということ以上に、彼らの３つの特徴がサブスクの本質を物語っています。

特徴1　デジタルネイティブ

テクノロジーとの関係という点から見ると、今の20代や、その下の世代の人たちのように、生まれたときや、物心ついたときから身の回りにインターネットがあった人たちのことをデジタルネイティブと呼びます。

仮に、１９９５年以降に生まれた人たち（２０２０年時点で25歳以下）をデジタルネイティブとすると、この層の比率は日本の人口の２割ほどです。消費者全体の２割と考える

サブスクリプションサービスの年代別認知状況

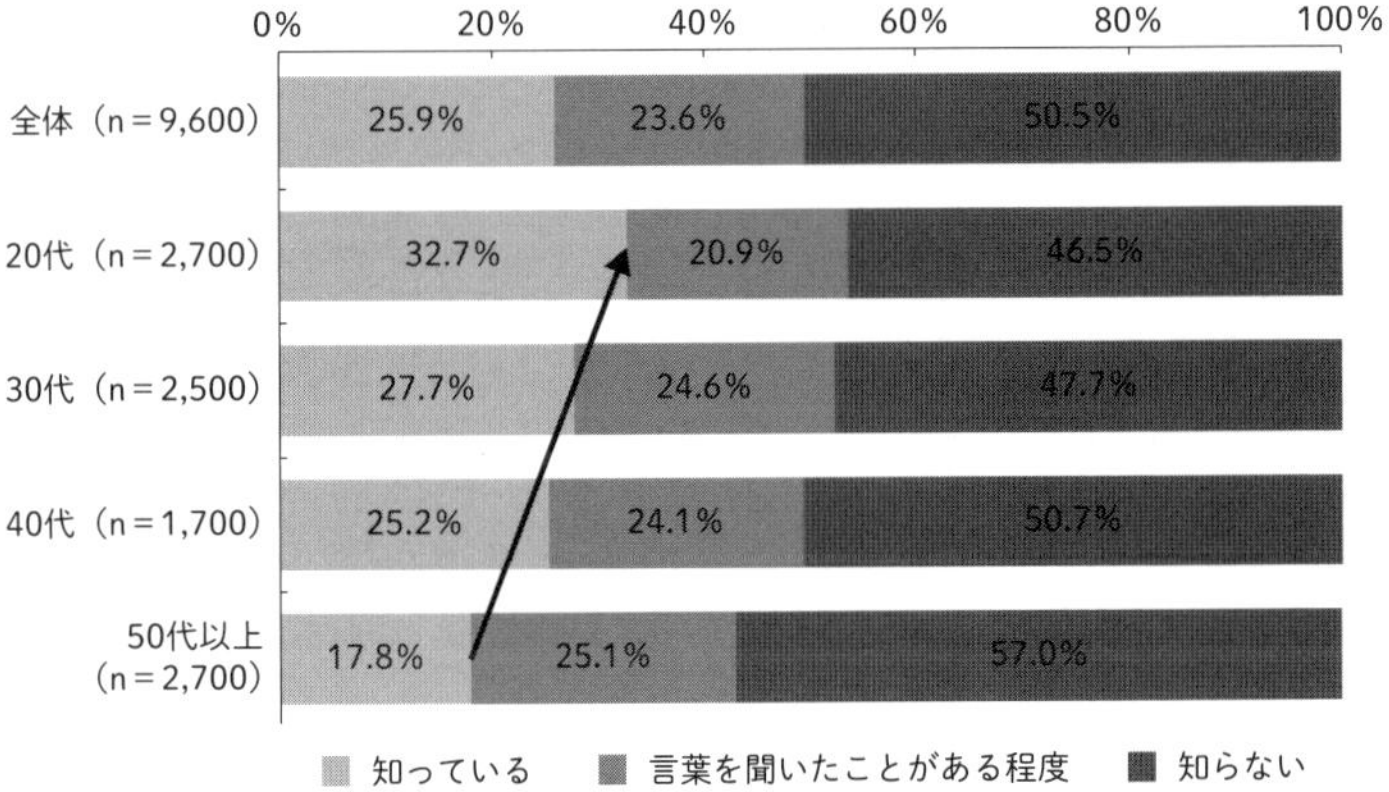

出典：三菱UFJリサーチ＆コンサルティング「サブスクリプション・サービスの動向整理 2019年12月9日」

と、それほど大きいと感じないかもしれません。

しかし、この層は年々増えていきます。アナログ社会で生きている高齢者が減り、デジタルネイティブが生まれるからです。

少し長い目で見れば、消費者の半分くらいがデジタルネイティブとなり、彼らの価値観と判断によってサービスの良し悪しが決まる時代も来ることでしょう。新たな事業を作り、その先の展開や展望を考える際にも、この点が重要です。

デジタルネイティブの割合が増え、市場の消費力の中心となっていく彼らが「使ってみたい」「使い続けたい」と感じる内容を意識する必要がありますし、そのために

日本の人口の推移とデジタルネイティブ世代

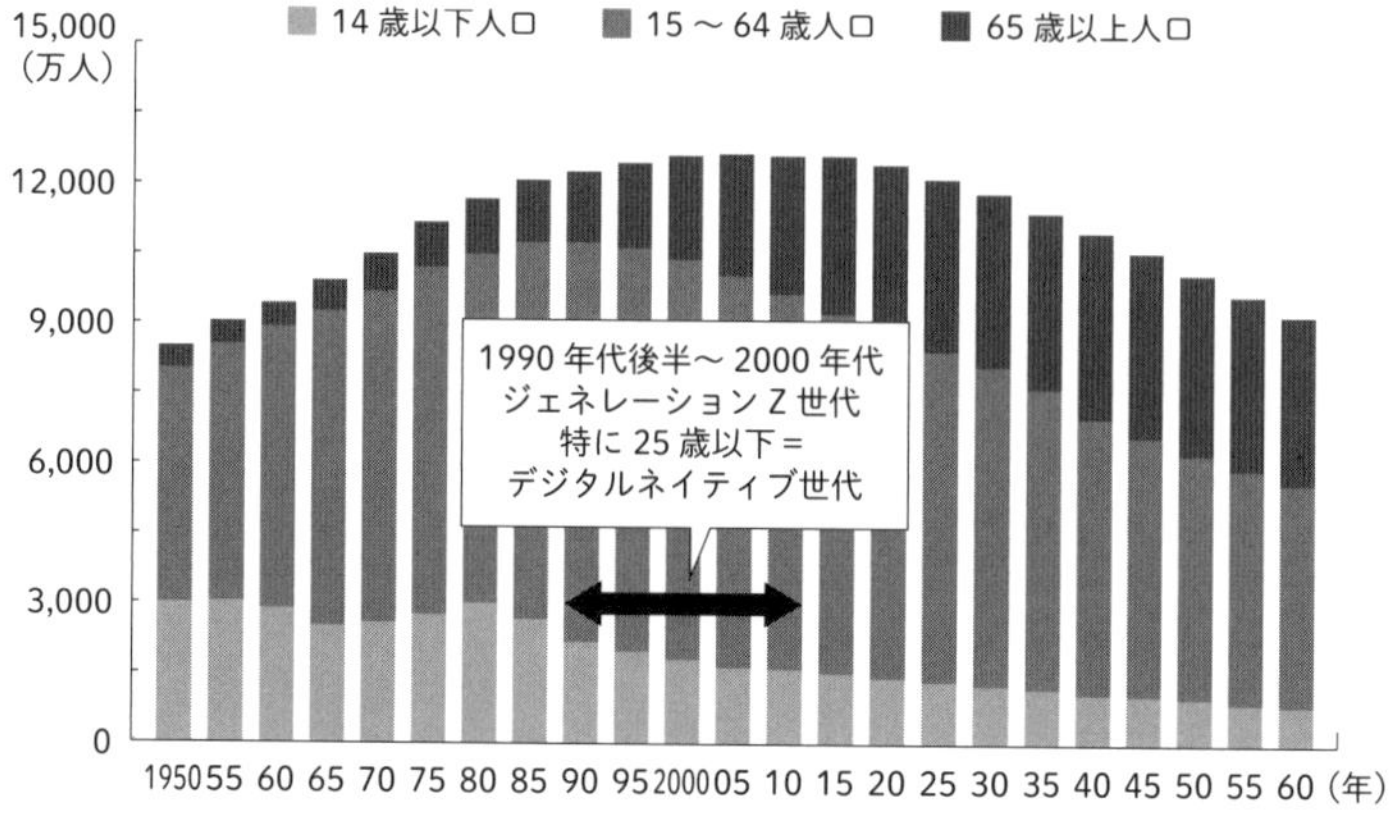

出典：2015年までは総務省「国勢調査」(年齢不詳人口を除く)、2020年以降は国立社会保障・人口問題研究所「日本の将来推計人口（平成24年1月推計)」(出生中位・死亡中位推計) より

は、デジタルネイティブのことを理解し、彼らの支持を獲得していくことが重要なポイントとなるからです。

特徴2 「みんなと同じ」より「個性」を重視

サブスクの主な支持層であり、市場においてもこれからの消費の主体になっていく若い層には、「みんなと同じ」より「個性」や「自分らしさ」を重視する傾向が強いという特徴もあります。

これについては、興味深い調査結果があります。20代前半と40代前半の人たちに仕事について聞いた調査を見ると、20代前半の人たち（ここでいうデジタルネイティブ）は、「収入が少なくなっても勤務時間が短いほうが良い」という意識が強いという傾向が出ています。

また、「会社を発展させるために仕事をする」という意識が40代前半と比べて低いという傾向もあります。これは、会社という集団よりも個人としての日常やライフスタイルを優先する意識が高いことを表しているデータといえるでしょう。SNS上で「インスタ映え」を狙ったり「いいね」を欲しがるのも、個人としての自分を評価してもらいたいという願望の表れと見ることができます。自分の考えやライフスタイルがSNS上で評価されることにより、個人としての自分により高い価値を感じられるようになるということです。

日常のコミュニケーションについても、集団より個性を重視する傾向が見られます。

SNSがない時代に育ったアナログの人たちは、会社や学校といったリアルの場で交流するのが当たり前でした。交流を続けていくためには場の雰囲気を壊さないように気遣う必要がありますから、そこで周りを気にする意識が高まり、集団を大切にする意識が生まれました。

一方、デジタルネイティブは会社や学校とは別に、趣味、嗜好、思考などを共有できるSNSという場をもっています。SNSでの交流は感性が合う人たちとの交流が中心になるため、リアルの場での交流と比べて居心地が良くなります。周りを気遣ったり忖度したりする必要性が低くなり、気楽に交流できるのです。このような環境に慣れるほど、自分らしく暮らすことに肯定感がもてるようになりますし、自分らしさを大事にする意識も高くなります。彼らは自分らしく生きることや、一人ひとりが多様性をもって生きることを体現している人たちなのです。

事業者目線で見ると、そのような人たちに対して「万人うけ」するサービスを提供しても支持されません。価値基準が自分であるため「みんな使っている」「人気がある」といった売り方は響きにくく、「自分らしいか」「自分の課題を解決できるか」といったことが重視されるということです。

最近のサブスクは、この点も満たしています。使いたいときに、使いたい分だけ利用できる内容にしたり、やめたいときに自由に解約できるようにしたりすることで、ユーザー個人の都合を優先できるサービスになっているのです。

特徴3　モノや所有に執着しない

若い層に関する3つ目の特徴は、上の世代と比べて物欲やモノへの執着心が弱いということです。これは彼らが生まれた環境が影響しています。

1995年以降に生まれた人たちを例にすると、このとき、すでに日本経済はデフレに入っていました。私（1968年生まれ）を含め、デジタルネイティブより前に生まれた世代が経験しているバブル景気は、彼らのなかでは歴史です。

バブル景気の真っただなかでは、豪華さ、豊かさこそがステータスとなり、人々は常に新しいモノを欲しがりました。それに対して、デジタルネイティブが生まれた時代は生産技術も向上しあらゆる新商品がすぐにコモディティ化していきます。そのため、新しいモノに執着する気持ちも、所有することによって生まれる自己満足も低いのです。

つまりサブスクでは、単純にモノを提供するだけでは利用者を満足させることはできないのです。

成功例はほんのひと握り

さて、サブスク流行の背景を見てきました。

すでにサブスク市場は成長期に入っていると判断できますし、これからさらにテクノロジーが発達し、人口動態の変化によって若い層が増えていくことを考えると、今後も市場は拡大していくだろうと予測できます。

実際、そのような予測に立って、多くの企業がサブスクに乗り出しています。サブスクの追い風を受けようと参入する企業が増え、サービス数が増え、サービス内容も多様化しています。ところが、サブスクに乗り出したものの、うまくいかずに停滞したり、撤退したりしている企業もあります。

一例として、自動車業界ではトヨタ自動車のＫＩＮＴＯが挙げられます。

ＫＩＮＴＯが失敗しているとはいいません。しかし、契約数の伸び悩みなどを見ると、苦戦していると推察できます。テレビＣＭなども行って積極的にサービスを訴求していますが、認知度も思うように伸びていないのが実態なのです。車業界では、定額でＢＭＷを乗り換えられるＢＭＷのサブスク（Access by BMW）がありました。しかし、このサブスクはＢＭＷが以前から提供しているリースプランよりも高かったことが原因で、お客様の支持が得られませんでした。

よく考えれば当たり前のことなのですが、ほかの方法で購入したほうが安い場合や、サブスクを選んだとしても金額的なメリットが小さい場合、わざわざサブスクを契約しようと思う人は少なくなります。

車のようにカーローンやカーリースなど既存の購入方法が普及している場合は特に、それらと何が違うのか、つまり「あえてサブスクを使う理由はなんなのか」が明確になっていないと、お客様はつきませんし、評価も支持もされなくなってしまうのです。

そのほかの失敗パターンとして、採算が合わず、撤退することになった例もあります。

紳士服のＡＯＫＩのサブスク（suitsbox・２０１８年に終了）はこのパターンです。ＡＯＫＩのサブスクはスーツ、シャツ、ネクタイなどを定額で提供するものだったのですが、提供する衣類のクリーニング、スーツなどを提供するための物流コスト、サービス提供に必要なシステム運用のコストが想定以上に掛かりました。

自動車業界でも、定額でキャデラックを乗り換えられるＧＭ（BOOK by Cadillac）のサブスクが、運用コストがかさんだことによってサービス休止に至っています。

安易なサブスクは大怪我につながる

このような実態から読み取れることは、トヨタ自動車やBMWのように世界を股に掛ける大企業ですら、事業化に苦労するということ。そして、資金や人員や経営ノウハウが十分にあったとしても、サブスクで成功できるとは限らないということです。

むしろ、その可能性を考えずに安易にサブスクを始めると、そのせいで経営が揺らぐ可能性もあります。

例えば、1万2000円で販売している商品を月1000円で利用できるサブスクを作るとします。月1000円ということは、1万2000円の売上を回収するために12カ月掛かります。そのため、13カ月目から先は、販売して売上を確保する従来のやり方よりも多くの売上が見込めます。このように、長期でお客様に利用してもらい、収益を増やせることが事業者側から見たサブスクの魅力の一つです。しかし、売上を回収する12カ月目までは赤字になります。販売して売上を確保していたときと比べ、手元のキャッシュが少なくなり、資金繰りが悪くなります。これは事業者側にとってリスクです。

事業者は、契約者数を増やし、売上を増やすために、サブスクで売る商品を増やしたい商品を作るために必要な資金も調達しづらくなります。

有形のサブスクは商品を作るための原価が掛かりますから、特にこの点がリスクになるでしょう。無形コンテンツのサブスクは安く商品を作れる（複製できる）のがメリットですから、有形のサブスクと比べると資金繰りがリスクになる可能性は小さくなります。ただ、そうはいっても人件費などは掛かりますし、ユーザーを増やすための宣伝費なども掛かります。そのための資金が不足することで、せっかくうけ始めたサブスクを中止することになったり、商品不足や宣伝不足によってユーザー獲得のチャンスを逃してしまうこともあるのです。

サブスク流行りの市場ですが、成功する企業があり、苦戦する企業があります。

何が明暗を分けるのでしょうか。

サブスクを成功させるために必要なことはなんなのでしょうか。

第2章

顧客が本当に求めているものとは
時代はモノ売りからコト売りへ

サブスクの失敗例

サブスクは、簡単にいえば定期的に定額制で商品やサービスを提供する手段ですが、本質はもっと深いところにあります。利用者の「買いたい」「使いたい」気持ちを作ること、そして「使い続けたい」と感じてもらうこと。これらを踏まえず安易にサブスクに乗り出すと、失敗に終わってしまいます。

1 新規のお客様しか見ていない

サブスクは、話題になりやすい事業モデルであることも手伝って、企業が新規のお客様を獲得するためのフックとして活用されています。

例えば、契約した月を無料にしたり、大幅に安くするといった特典を付けることで、新たなお客様を獲得しようと試みるケースがこれに当てはまります。

無料や割引といった言葉はお客様に与えるインパクトが大きく、注目してもらうきっかけになります。サブスクのような新規事業はより多くの人に知ってもらうことが重要ですので、無料や割引は、広告効果という点も期待できます。

しかし、これがなかなかうまくいきません。無料や割引の特典が受けられる期間は良いのですが、通常価格に戻ったタイミングでお客様が離れることが多いのです。つまり、お客様を呼ぶことはできるのですが、定着しないということです。お客様の視点から見ると、「使ってみよう」という気持ちにはなります。しかし「使い続けたい」と思うまでには至りません。その原因は、正規の料金を払ってまで使いたいとは感じなかったことです。

また、特典の期間が終わるタイミングで別の会社が似たようなサービスをキャンペーン特典付きで打ち出したらどうなるでしょうか。かなりの確率で、お客様は特典が得られる新しいサービスに乗り換えます。サブスクは、契約も簡単ですが解約も簡単で、お客様の流動性が高いという特徴がありますので、集めるのが簡単である一方、逃げられる可能性も高いのです。

さらに、このような施策は、新規のお客様が取れないだけでなく、既存のお客様が離れる原因にもなります。

例えば、月1000円で継続利用しているお客様がいる一方で、「1カ月無料」「3カ月無料」といったキャンペーンを行ったら、既存のお客様はどう感じるでしょうか。おそらく、ないがしろにされていると感じます。そのサービスの熱狂的なファンになっていれば話は別ですが、解約や、別の似たサービスに移ろうと考える人も現れることでしょう。

事業者側は、新規のお客様を集めるために手厚い特典を考えます。しかし、それがあだとなって、新規よりも重要な既存のお客様を失うことになるのです。

2 事業者都合の条件を付ける

サブスクの失敗でよくある2つ目のパターンは、利用者メリットよりも事業者のメリットが優先されている、または、利用者にそう見えてしまっているパターンです。

例えば、サブスクのなかには解約に関する細かな条件を付けているものがあります。条件の例としては「契約から3カ月間は解約できない」「解約する場合は店で手続きを行う」「解約はできるが休止はできない」「解約時には違約金が発生することがある」などです。

このような条件を付けたくなる事業者側の気持ちは分からなくもありません。

サブスクは簡単に解約できるため、つい契約で縛り、つなぎ止めようと思ってしまいがちなのです。しかし、これはほぼ間違いなく裏目に出ます。理由は簡単で、お客様にとっての自由度が下がるからです。

そもそもサブスクは「好きなときに、好きなだけ使う」というメリットがありますが、条件が増えるほど不自由になり、利用者の「使いたい」という気持ちが作られません。

また、事業者都合の条件を付けることで、解約を考える利用者を増やすだけでなく、新規の利用者も獲得しづらくなります。この影響のほうが実は深刻かもしれません。

なぜなら、サブスクの利用者はデジタルネイティブが多く、あらゆる情報を共有し、自分が感じたことや思ったことをSNS上で発信するため、「3カ月間解約できなかった」「解約時には違約金を取られた」といったことになれば、その情報もすぐに広がります。

結果、サブスクの評価が下がり、使ってみたいと思う人が減るのです。

3 安さのみで勝負する

失敗例の3つ目は安さやお得感のみで勝負しようとすることです。これは飲食店のサブスクでよく見られるケースかもしれません。月々定額で毎日、いつでも食べ放題になるといったサービスです。

飲食のように有形サービスを提供するサブスクは損益分岐点があります。そのため、一定の回数または一定の量を食べれば利用者は元が取れます。そこで安さという価値が生まれ、食べれば食べるほど得するというお得感も生まれるのですが、そもそもの話として、毎日のように同じ店で、同じものを食べたいと思う人がどれだけいるでしょうか。

よほどその店の料理に惚れている人は別ですが、普通の人は月に何回か食べれば十分と感じます。食べれば食べるほど得ですが、食べれば食べるほど食べ飽きますから、翌月以降の解約も増えやすくなります。

つまり、安さ以外の価値を提供できなければお客様は「通い続けよう」とは思わず、事業として長続きさせるのも難しくなるのです。

また、安さの追求は自分の首を絞めることにもなりかねません。サブスクを使い続けてもらうために、コストメリットを出すことが重要であるという点は間違いありません。車であれば購入するよりも安く乗れる、音楽であればＣＤをたくさん買うよりも安く、たくさんの音楽を聴けるといったメリットがあるから、お客様は「使ってみよう」と思います。

しかし、それは突き詰めれば価格競争と同じです。やがて同レベルのサービスを安価で提供する競合が現れ、お客様が離れてしまいます。同価格で質が高いサービスを提供する

サブスク失敗例まとめ

	新規顧客しか見ていない	事業都合の条件を付ける	安さのみで勝負
使ってみたい	△	×	○
使い続けたい	×	×	×

競合が現れた場合も、やはりお客様は逃げてしまいます。

それを避けるにはサービスの質を高める（高め続ける）必要がありますが、サービス内容を高めようとするとコストが掛かり、価格競争力が低下します。

このジレンマを乗り越えられる事業に設計できていないと、いくらサブスク流行りの追い風が吹いていたとしても、コストが増え、収益が減り、採算が合わなくなり、事業として成り立たなくなってしまうのです。どうやって乗り越えるかというと、安さと別の価値を組み合わせて、新しい価値を提供するしかありません。

逆にいえば、安さ以外にも何か価値が提供できる事業であれば、サブスク型であるかどうかに関係なく、世の中に支持され、事業として成立するということです。

失敗に終わる根本的な理由とは

サブスクで失敗する原因は、そのサービスに、利用者が「使ってみたい」さらには「使い続けたい」と思える価値がないからです。利用者が「使ってみたい」と思ってくれれば、お客様は自然と寄ってくるので、過剰に割引をしたり特典を付ける必要はありません。同様に、利用者が「使い続けたい」と思ってくれれば、お客様は離れなくなります。わざわざお客様を縛る条件を付けたり、無理して安くしようと自分の首を絞めなくても、お客様は継続的にサービスを使ってくれます。それがなんなのかを見極めることが、サブスク成功の鍵といってもよいでしょう。

価値がモノからコトへ変化した

利用者がサービスに求める価値について掘り下げてみましょう。

サービスの価値には、大きく分けてモノとコトの2種類があります。従来はモノが重視されており、バブル期などは特にモノを作れば作っただけ売れていきました。モノそのものに価値があったからです。しかし今はサブスクのメインユーザーの特徴からも分かるように、モノの所有でお客様の心を動かすのが難しい時代です。

また、若い層だけがモノから遠ざかっているわけではなく、社会全体としてモノを所有しない方向に進んでいます。モノを所有することよりも、所有せずに利用、体験することで得られる満足感＝コトのほうに価値があり、重視されるようになったのです。

従来は、モノを使うためには、購入したり譲り受けたりするなどして所有しなければなりませんでしたが、今はレンタルやリースなどさまざまな方法で利用することができます。

サブスクもまさにこの手段に含まれます。ＣＤやＣＤプレーヤーを買わなくても音楽を楽しむことができ、ＤＶＤ、ＤＶＤプレーヤー、テレビがなくても動画を楽しむことができます。

モノそのものに価値があった時代から、利用や体験から得られる満足感といったコトに価値がある時代へシフトしているのです。

モノを所有することがステータスだった時代

モノがない時代は、みんなが洗濯機を欲しがり、テレビを欲しがりました。「周りがもっていないモノ」をもつことで自己満足感が高まります。「周りがもっているモノ」をもっていなければ劣等感が生まれます。

そのような心理的要因によって「欲しい」「もちたい」という欲求が生まれ、所有することによって満足感が得られていたのです。

自己満足を得るという点で、所有することがゴールとなっていたといってもよいでしょう。分かりやすい例が、携帯電話です。今ではスマホをもっているのが当たり前になっていますが、携帯電話が普及し始めた頃は、もっているだけで「すごい」と言われました。

車はさらに分かりやすいかもしれません。かつては車をもつことがステータスでした。車をもつ人が増えてくると、所有する車によってステータスのランクができ、カローラから始まり、課長になったらマークⅡになり、「いつかはクラウン」といったヒエラルキーが出来上がりました。

クラウンという最上級のステータスがシンボルとして可視化されていた世の中では、

乗っている人が自慢でき、周りから「偉くなった」「すごい」と言われる満足感も得られました。社長がベンツに乗り、ハリウッドスターが大きなアメ車に乗り、さらに成功している人がフェラーリやランボルギーニなどのスーパーカーに乗ったのも同じことです。車がステータスのシンボルとして機能していたため、車そのものに価値が生まれ、車を所有することにも価値が生まれ、高い車を所有することの価値が最上位となっていたのです。ところが、今は違います。世の中全体が豊かになり、身の回りにモノが溢れています。街中にはクラウンや、それよりも高級な車がたくさん走っています。部長にならなくても、レンタルやリースといった手段でクラウンに乗ることもできます。

そのような環境に変わっていくことで、クラウンに乗っても「すごい」と言われる機会が減り、周りから憧れられる可能性も小さくなりました。

車を所有することで満足感が高まった時代と逆で、「いつかはクラウンに乗る」ことの満足感が下がり、所有によって得られる満足感も薄れたわけです。これは事業者側にとっても大きな変化です。

かつては世の中の人たちが欲しがっているものが共通していたため、モノ作りも広告もワンパターンで済みました。世の中全体に所有欲がありましたからモノがよく売れました。

今は逆で、所有すること自体にはあまり意味がありません。そう考えると、今はモノ作りもモノ売りも厳しい環境です。

人々が本心から欲しいと思うものしか売れない時代になっているということです。

所有しないことが「かっこいい」

「所有することに意味を感じない」という風潮は、サブスクが普及する以前から表面化しつつありました。

例えば、かつては当たり前だった持ち家の思考から離れ、賃貸で十分と考える人が増えたのも、所有することに意味を感じない人が増えたことの表れといえるでしょう。

定期的で定額制であるという点から見れば、月々の家賃を払って部屋を使う賃貸も広い意味ではサブスクの一種に含められます。

「断捨離」も、モノを所有する必要性と価値が薄れていく変化を表したものといえるでしょう。モノを所有して使うことが当たり前だった世の中に、モノを減らす断捨離という真逆のコンセプトをぶつけることで、人々のライフスタイルがモノを所有しない方向に動き出したのです。「断捨離」は、「モノを所有しないことがスマート」「もたないことがかっこいい」という新しい価値観を生み出したきっかけでもあります。

モノを所有すると、それなりに手間が掛かります。管理したり、収納したり、壊れたときに買い替えたりする必要がありますし、購入する場合はお金の負担も掛かります。置いておくだけでスペースも取ります。

所有することが当たり前だった時代ではなかなか認識されませんでしたが、所有はストレスを生むのです。断捨離して気分が晴れるのは、その裏返しといえるでしょう。モノを減らした結果、手間が減り、ストレスが緩和されるから、気分がスッキリと晴れるわけです。断捨離というブームを通じて、この開放感を経験し、実感する人が増えました。

所有して使うことが疑問視されるようになり、「買わなくてもいい」「捨ててもいい」「そもそも持つ必要がないのかもしれない」といった新しい価値観が評価され、所有することにこだわらない人が増え、所有しないライフスタイルを目指す人が増えることになったのです。

所有から利用へ

モノを所有する価値が下がった一方で、コトの需要が高まりました。それは、所有から利用へ時代が変化したともいい換えられます。

車を例にすると、所有せずに利用すれば、お金、手間、時間をセーブできます。車を所有するためにはまとまったお金が必要ですし、所有している間は、駐車場代、税金、車検代などの維持費が掛かり、修理代が掛かる可能性もあります。これらは所有することのデメリットであり、所有せずに利用するだけなら、これらから解放されるということです。車を所有するために必要なお金が少なくできれば、そのお金を別のことに使えるようになります。

このようなメリットに気づき、実感する人が増えるほど、「所有して乗る」価値は下がり、「所有せずに利用する」価値が上がっていきます。そして、「車にお金を掛けることはかっこ悪い」「持たないほうがスマート」と考える人も増えていくのです。

このような価値観が広がった結果が、若者の車離れです。

「所有せずに乗る」ための手段となったのが、アメリカでは Uber のようなライドシェアであり、日本ではカーシェアです。カーシェアなどシェアリングの功績は、所有しなくても利用できることを、実体験と実感を通じて多くの人に認知させたことです。カーシェアの黎明期においては、まだまだ車は所有して乗るものと考えている人が大多数でしたが、実際にカーシェアを使ってみると、単発的な移動手段としてはそれで十分であると実感できます。

そしてもう少し使ってみると、車を所有することによって生じる経済的負担が軽くなり、手間と時間がセーブできていることに気づきます。そのような変化が起きているところに、テクノロジーの発達が追い風になります。

スマホで車を予約でき、決済まで簡単に行えるようになったことで、カーシェアの便利さや使いやすさが高まっていきます。このような実感の積み重ねによって、「車を所有しなくてもいい」「移動手段として利用すればいい」という考え方が確立され、浸透していったわけです。

「所有しない人」が顕在化

ライドシェアやカーシェアのようなシェアリングは、今後もどんどん普及していくでしょう。

「モノからコトへ」「所有から利用へ」は、車でいい換えれば、「車を所有せず、移動手段として利用する」ことです。「移動できればいい」「所有する手間を省きたい」と考える人が増えていくほど、カーシェアのようなサービスは受け皿として必要とされ続けていくということです。

もちろん、社会全体が「所有せずに乗る」人ばかりになるわけではありません。欲しい車を手に入れて、メンテナンスに手間を掛けながら大事に乗ることを楽しむ人もたくさんいます。

「車を所有したい人」と「移動手段として利用できれば十分」と考えている人たちは、これまでは「車に乗る人」としてひと括りにされてきました。しかし、「所有せずに乗る」価値が世の中に認められ始めたことで、両者がはっきりと分かれるようになったのです。

事業を根本的に見直す時期

事業者側から見ると、これは大きな変化です。

なぜなら、モノ売りを生業としている事業者にとっては、「所有しなくてもいい」「サービスとして利用すればいい」というトレンドそのものが事業の逆風になるからです。

例えば、私は中古車ディーラーです。中古車ディーラーは車を売って収益を得ます。しかし、世の中が「所有しなくてもいい」と考えるようになると、車は売れなくなります。車を売るというモノ売りの事業モデルを根幹から見直さなければならないのです。

同時に、「サービスとして利用すればいい」と考える人たちに向けて、モノ売りに変わる新たな事業も創出しなければなりません。つまり、モノ売りからコト売りの事業に方向転換しなければならないということです。

事業を根幹から見直すわけですので、営業方針や組織の作り方もすべて見直さなければならないでしょう。

例えば、モノ売りで事業が成り立った頃は、モノをたくさん売るための営業力や販売力が重要でした。モノが主体ですから、在庫管理、品質管理、仕入れ管理なども経営上、重要でした。

しかし、モノ売り事業が厳しくなるのであれば、そこに人やお金を投じるのは効率的ではありません。モノを作るためや売るために使ってきた労力やコストを、コト売りに向けていく必要があります。

では、コト売りのコトとは具体的に何を指しているのでしょうか。

それを分かりやすく説明しているのが、マーケティングで有名な、ドリルとドリルの穴の話です。セオドア・レビットという人の著書『Marketing Mode（マーケティング発想法）』に、こんな一説があります。

「4分の1インチ・ドリルが100万個売れたが、これは人々が4分の1インチ・ドリルを欲したからでなく、4分の1インチの穴を欲したからだ」（People don't want to buy a quarter-inch drill. They want a quarter-inch hole!)

ここでいうドリルはモノ、穴がコトです。

車で考えると、車そのものがモノ、移動手段としての利用がコトです。例えば、カーシェアは車（モノ）を売っているわけではなく、移動手段として利用できればいいというコトを提供しています。コトのなかには、車を所有する手間を抑える、購入や車検に掛かる面倒な手続きを省くといったことも含まれるでしょう。

ＣＳの時代からＵＸの時代へ

モノからコト、所有から利用へ変化したことで、消費者がサービスに満足するタイミングが変わりました。

従来、消費者はモノを所有した時点で満足感を得ていました。これは、マーケティング用語で顧客満足（ＣＳ：customer satisfaction）と呼び、事業者がモノの販売時点をゴールと位置付ける考え方です。

しかし、生産技術が向上し、あらゆる新しい商品が次々とコモディティ化するなかでは、モノを所有することよりも、利用したときの満足感を消費者が重視するのは自然なことといえるでしょう。満足感とは、消費者が商品やサービスを利用したときの経験＝「心地良さ」「驚き」「感動」「誇らしさ」といい換えることができます。

このような、消費者の満足感を、ユーザーエクスペリエンス（ＵＸ）やカスタマーエクスペリエンス（ＣＸ）と呼びます。事業者がＵＸやＣＸを満たすには、モノの販売時点をスタートとし、消費者が生活場面でそのサービスをどう使い続けてくれるか考える必要があります。

つまり、「どう売るか」（どうやって所有させるか）より「どうすれば長く使い続けてもらえるか」を考えなければならないということです。

変わらない企業は勝てない

価値が変わり、価値観が変わっている世の中では、変化に合わせて事業を変えていかなければ生き残れません。

変化に合わせていくためには、提供方法や販売方法に限らず、事業の開発や設計の段階から、アフターサービスに至るまであらゆる点において、ＵＸの視点で考えるマーケティング戦略に変えていかなければならないでしょう。

そこでもう一つ重要なポイントとなるのが、顧客との関係性です。なぜなら、モノを販売した時点から顧客との関わりが始まり、その後も良好な関係を長く築き続けていくことが、商品やサービスを使い続けてもらうことに結びつくからです。

このように顧客との関係性をどうマネジメントするかに重点を置く経営をCRM（Customer Relationship Management）経営といいます。

CRMというと、顧客情報をデータ管理することをイメージする人が多いかもしれません。しかし、それはCRM経営を実現するための手段で、CRMの本質ではありません。お客様が誰で、どんな人なのか。何を求め、何に困っていて、どんなサービスを喜んでくれるのか。

そのような分析を通じて、お客様を理解し、お客様との絆を深める事業を作り出していくことがCRMの本質なのです。ここがうまく機能すると、コト売りもうまくいきます。お客様に対する理解度が深まり、絆が強くなるほど、お客様が心地良い、楽しいと感じるUXレベルの高いサービスを考え出すことができます。「長く使いたい」「ずっと使い続けたい」と思ってもらえるサービスに育てていくことができるようになるのです。

所有から利用に変わり、使い続けてもらうことが事業になる時代では、顧客との良好な関係性構築は利益の源泉であり、企業の財産ともいえます。

モノのサブスクがうまくいかないのは、ここを見落としていることに原因があるのかもしれません。モノのサブスクを展開する会社は、基本的にはモノを作ったり売ったりしている会社です。つまり、売り切り型の事業であるため、モノを売ったあとの関係性を築くのが難しいのです。

車のサブスクがその一例といえるでしょう。ＫＩＮＴＯを例にすると、月々定額で新車に乗れます。最新装備を搭載した車や、レクサスのような高級車にも乗れます。キャデラックやＢＭＷのサブスクも同じで、定額の利用料を払うことで新車や高級車に乗ることができ、複数の車種を乗り換えることもできます。もちろん、そこに魅力を感じる人もいます。

しかし、これらのサービスでウリにしているのは車そのものです。

サブスクの形にはなっているものの、事業モデルはモノ売りの事業モデルですし、「どうすれば車に乗ってもらえるか」という売り手視点の事業モデルであるため、「どうしたらお客様が使い続けてくれるか」という顧客との絆を重視したＣＲＭ経営に移行できていないのです。

自分が提供できるコトは何か

さて、サブスクの実態を見ていくなかで、事業として失敗するパターンや成功するために必要な視点などが見えてきました。

まずサブスクの実態を見てみると、「新規顧客の獲得に走ってしまう」「利用者の都合を無視した設計にしてしまう」「安さだけで売ろうとしてしまう」といった典型的な失敗パターンが見えてきます。これらに共通しているのは、サブスクという事業モデルを通じて提供できるはずの価値がないことです。価値は、利用者が「使ってみたい」「使い続けたい」と思う理由です。それがないため、悪手に走ってしまうのです。

では、利用者が何に価値を感じるのでしょうか。世の中の変化を見ると、かつてはモノを所有することが価値を生み出していましたが、今は若い層を中心に、利用や体験で得られる満足感＝コトに価値を感じるようになっています。

つまり「モノからコトへ」であり「所有から利用へ」です。この変化をとらえることで、「使ってみたい」と感じる人が新たなお客様になり、「使い続けたい」と感じた人がリピートしてくれます。結果、サブスクが事業として成立しやすくなります。

そのためには、事業者もモノ売りではなくコト売りの視点に変えなければなりません。視点を変え、発想を変え、組織、営業方法、販促の手段、資金と人員の配置バランスなどすべての面で、コト売り事業ができるように変わらなければならないということです。

この環境を踏まえて、自分の会社、事業、仕事を通じてお客様に提供できるコトがなんなのかを突き止めることが、サブスクを事業として成立させるためにもっとも重要なポイントです。

では、利用者が「使ってみたい」と思い、「使い続けたい」と思うコトは、どうやって見つければ良いのでしょうか。そのコトを事業化していくためには、何が必要なのでしょうか。

第3章

田舎の生活に車は必需品
地域によって変わる車の価値

コト売りをどのように事業化するか

私は最終的には、車（軽自動車）のサブスクを作りました。

当時はまだサブスクという言葉が浸透していませんでしたが、車に関する課題を解決したいと事業案を練った結果、サブスクのような形にまとまりました。「定額エコノリくん」と名付けたこのサービスは、5年間にわたり、月々4980（ボーナス時3万3000）円から軽自動車に乗れるサービスです。

利用料金のなかに、車両代、車検代、自動車税、オイル交換などのメンテナンス費用を含めている点は、従来ある個人向けの自動車リースと同じです。これをベースとしながら、より安く、より便利に使えるように進化させたサービスです。

定額エコノリくんの利用者は、サービス開始から9年で1万人に増えました。今ではこのサービスが経営の柱になっていますし、会社の拠点である長野県のみならず、ユーザー特性が似ている他県でも利用者が増えています。

ただし、いきなりこのサービスにたどり着いたわけではありません。定額エコノリくんにたどり着くまでには、それ以前に2つの事業モデルがあり、この2つが、ホップ、ステップとなって、ようやくジャンプできたという経緯があります。

ここからは、事業としてジャンプできた定額エコノリくんの話のみだけでなく、ホップとステップの部分についても詳細を説明します。ホップとステップは最終的な事業モデルに至る過程の部分ですが、そこにももしかしたら新規事業創出のヒントがあるかもしれませんし、苦労した点や、苦労の乗り越え方などについても、参考になることがあるだろうと思っています。

カーライフの負担軽減

私は当時も今も、長野県内で中古車販売の事業をしています。ここは土地柄、一家に複数台の車があるのが普通です。地下鉄網が張り巡らされている都会と違い、通学、通勤、通院、日々の買い物、習いごとの送り迎えなど老若男女が車を使用します。そのため、車検や維持費用といった車のコストが家計の負担になっていますし、冬用タイヤの購入や交換など、雪が降らない地域にはない費用まで掛かってきます。

この現状をモノとコトの視点で見ると、表面的には、地方で暮らす人は車というモノを必要としています。しかし、その実態は安く手軽に使用できるというコトを必要としています。

そこで私は、会社設立時の創業理念である「お客様のカーライフの負担軽減」を本気で実現すると覚悟を決めて、中古の軽自動車に特化して「新しい乗り方」を考えることにしました。便利で手軽に使える「乗り方」を提供できれば、地域で「使ってみたい」と思う人が増え、それがコト売り事業につながっていくだろうと考えたのです。

コト売り事業の肝は利用者の「使いたい」「使い続けたい」気持ち作り

コト売り時代にサブスクを成功させるためには以下の2点を押さえる必要があります。

1 利用者の「使ってみたい」という気持ちを作る

2 サービスを「使い続けたい」と思うような利用者との関係を作る

1についてては、車は「買って乗る」ことが当たり前だった時代に、「借りて乗る」手段があれば、安く、手軽に、便利に利用でき、お客様の「使ってみたい」気持ちが作られると考えました。しかし、「借りて乗る」手段を提供することは、これまでの中古車ディーラーの事業とは畑が違います。中古車事業の知見を活かし、「安さ」の提供によって「使ってみたい」気持ちを作れたとしても、便利さと手軽さをどう実現させるかが課題です。

これは、2に挙げた「使い続けたい」と思ってもらううえでも重要なポイントです。サブスクは特にここが難しく、「使ってみたい」という気持ちを作れても、「使い続けたい」と思ってくれなければ安定的な収益にはなりません。

実際、目新しさや安さだけで「使ってみたい」と評価されたサブスクは、「使い続けたい」と思う人を獲得できず、苦戦したり、撤退したりしています。それを防ぐためには、「使ってみたい」と思った人を囲い込む戦略が必要ですし、使えば使うほど、使い続けたいと思う事業設計にしなければならないのです。

少し補足すると、2の「使い続けたい」と思ってもらうことについては、LTV（Life Time Value、顧客生涯価値）という考えが重要です。LTVは、一人のお客様が、生涯を通じてどれくらいのお金を使うか（事業者側から見ると、どれくらいお金を使ってくれるか）を表すものです。

例えば、あるお客様が1万円の商品を一回だけ買った場合、そのお客様のLTVは1万円です。しかし、翌月も1万円、その次の月も1万円と継続的に買った場合、お客様のLTVも1万円、2万円と増えていきます。

サブスクは、この「継続的に買った場合」に発生する収益で事業が成立する事業モデルです。また、その点がモノ売りとコト売りの違いであり、モノ売り事業をコト売り事業に変えるポイントでもあります。

「使ってみたい」気持ち作り 1 安さに目を向ける

「安さ」に目を向けた理由としては、私自身の経験もありました。

私は20代の頃に車を買い、そのときに「車はお金が掛かる」と感じました。

「安ければ『使ってみたい』と思ってくれる」

そう考えたのは、私の実体験に基づくものであり、一人の消費者として考えたときに「安ければ使ってみたい」と思ったことが理由になっています。

LTVの考え方

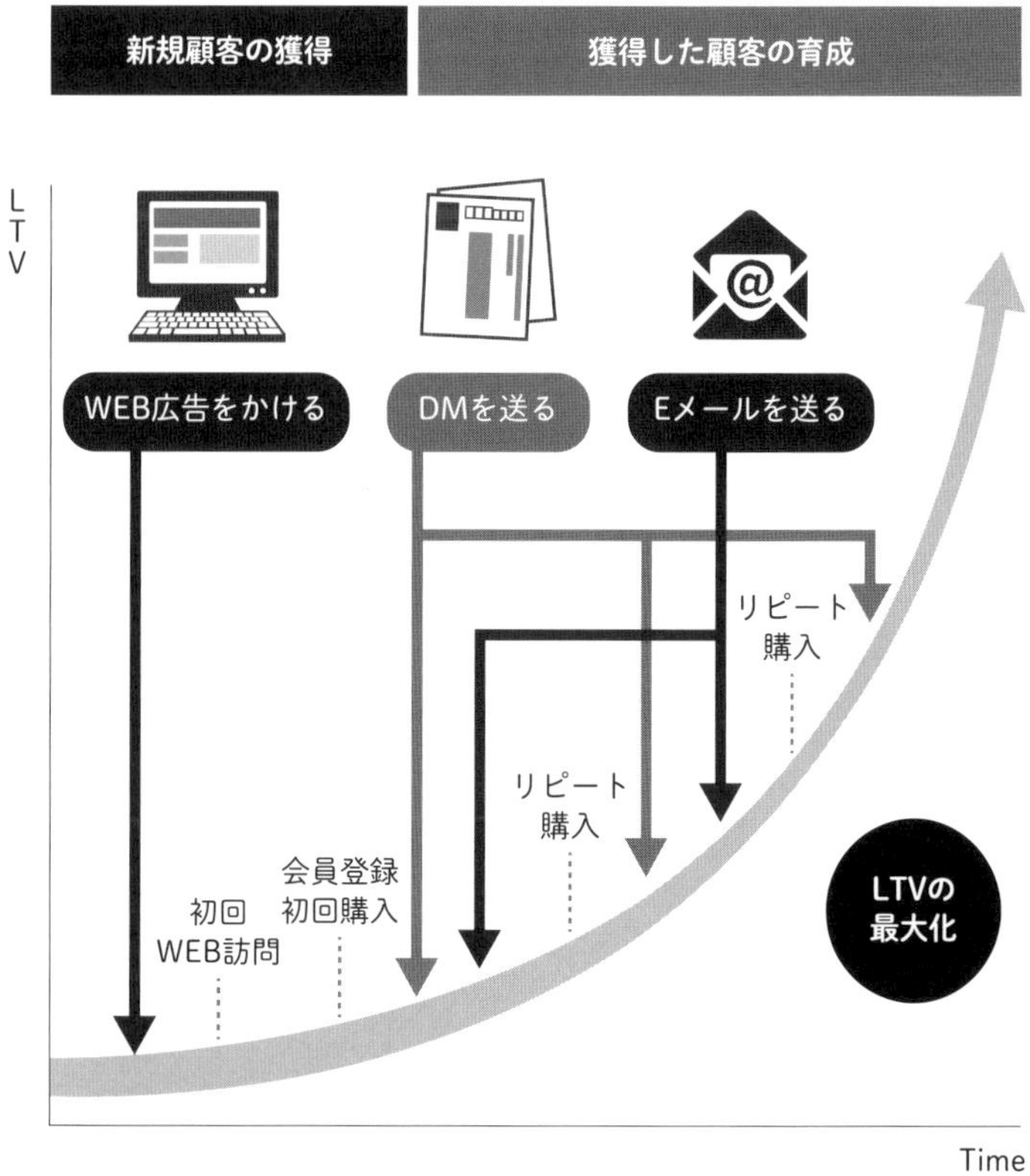

当社資料より作成

マーケティングの教科書的には、先に市場のニーズを明らかにして、商品やサービスを考えるのが王道です。しかし、それでは成功しないと考えています。プロダクトアウトではだめです。マーケットインでも不十分です。ユーザーインの立場で事業を考えることにより、消費者に喜ばれる可能性が高くなり、事業として成功する確率が高くなります。

私の場合も、マーケットサーベイ（市場分析）などによって地域の人たちがどんなニーズをもっているかが把握できていれば、もっと早く定額エコノリくんにたどり着いていただろうと思います。

ただ、現実はそうはうまくいきません。消費者のニーズを探るためにはお金や時間や手間が掛かりますし、探ったとしてもニーズが部分的にしか見えないこともあります。

また、当時のように「車は買って乗るもの」と誰もが当たり前に思っている状態では、「リースより安く乗りたい」「サブスクで乗りたい」といったニーズは表面化しなかったでしょう。

分かりやすい例が iPhone です。iPhone が誕生する前に iPhone のニーズはありませんでした。iPhone の登場によって、iPhone が欲しいというニーズが生まれました。

それと同じで、世の中に存在しない商品やサービスはニーズを探ることができず、ニーズを探っても意味がない場合があります。ここがマーケットインの限界なのです。

そのようなときは、自分が消費者の立場になって考えるしかありません。消費者である自分の感覚を信じて、「自分ならどんなサービスにお金を払うか」「自分が『あったらいいな』と思う商品はどんなものか」を考えて、そこで浮かんだアイデアを事業のベースにするということです。これがユーザーインの思考です。

私の場合、それが「安さ」であり、「安い移動手段を提供しよう」と考え始めたきっかけになったのです。

「安さ」には2つの見方がある

マーケットデータの裏付けはありませんでしたが、移動手段が必要不可欠な地域に「安い移動手段」を提供すれば、きっと支持されるという自信がありました。事業の方向性が見えたら、次は「安い移動手段」を提供する方法を考えて、「使ってみたい」と思う理由を事業として形にします。

そこで考えたのが「0円中古車」という事業です。文字どおり、0円の中古車を売る事業で、これがホップ、ステップ、ジャンプのホップになりました。0円を掲げた理由は、安さを求める人にとって究極の価格が0円だからです。

0円にしようと考える過程で、私はあることに気がつきました。それは中古車の価格には、相対的な価格と絶対的な価格があるということです。周知のとおり、中古車ディーラーは中古車を仕入れて売る事業です。なぜこの事業が支持されるかというと、新車より安く車が買えるためです。この文脈の「安い」は、新車と中古車を比較したときの相対的な安さです。ただ、中古車市場だけで見ると、新車とそれほど変わらない価格で売られている車があれば、新車と比べてかなり安く売られている車もあります。

例えば、トヨタのアルファードやランドクルーザーは中古車市場でも比較的高く売られています。なぜ高いかというと、中古車市場でも人気があるからです。

一方、セダンタイプの車は、新車の価格と比べると車種によっては大幅に安くなった状態で売られます。理由は単純で、ほかの中古車より人気がないからです。アルファードに乗りたい人は、中古のアルファードを買うことにより「新車より安く買えた」という満足感が得られます。

これは、相対的な安さに満足しているということです。私自身、このときまでは相対的な安さを考えて事業をしていました。

業界の特性として、中古車の価格は「人気がある車種かどうか」が基準になっています。人気がある車は高く売れますし、仕入れてから売れるまでの期間（在庫期間）も短くなるため、回転率が良くなり、効率良く収益になります。

そのため、当時の私を含め、中古車ディーラーは人気がある車を、いかに安く仕入れ、いかに安く売るかを考えて事業をするわけです。

しかし、コト売りの視点で考えると、「安い移動手段」を求める人には、相対的な安さより絶対的な安さのほうが喜ばれます。新車と比べて100万円安い400万円のアルファードよりも、車種は問わず、100万円で乗れる車のほうが喜ばれます。中古車ディーラーがコト売りを考えるためには、ここに着目する必要があります。

そう考えたときに、「使ってみたい」と思わせる一つの突破口が見えました。それは、車種ありきで考える従来の事業モデルを根本的に変えて、車種や人気をいっさい問わず、とにかく安く中古車を売るということです。創業間もないときでしたので資金もなかったことも理由の一つですが、「とにかく安く」を突き詰めて0円という価格に至ったのです。

0円でも利益になる理由

念のために説明しておくと、0円中古車の0円は、車両の価格（車両本体価格）が0円という意味です。

納車までに車検や登録など諸費用が掛かりますので、実際に車を入手する費用（乗り出し価格といいます）は10万円から20万円くらいになります。そこから私の会社が得る収益も生まれるという仕組みです。

また、すべての車を0円にしたわけではありません。

一部の車を0円にして、車両本体価格が5万円、7万円、9万円、13万円……といった価格帯の車もそろえて、最安値（0円）で乗りたい人と、少しなら費用を出せる人が両方満足できるようなラインナップにしました。

このような商品構成のことを、マーケティングではフロントエンド、バックエンドといいます。店頭（フロント）に目玉となる商品を並べます。これがお客様を呼ぶきっかけになり、来店者数が増えます。同時に、目玉商品よりも少し高い価格帯で、質が良い商品も用意しておきます。これがバックエンドです。来店したお客様は目玉の商品に注目します。

フロントエンド商品とバックエンド商品の役割

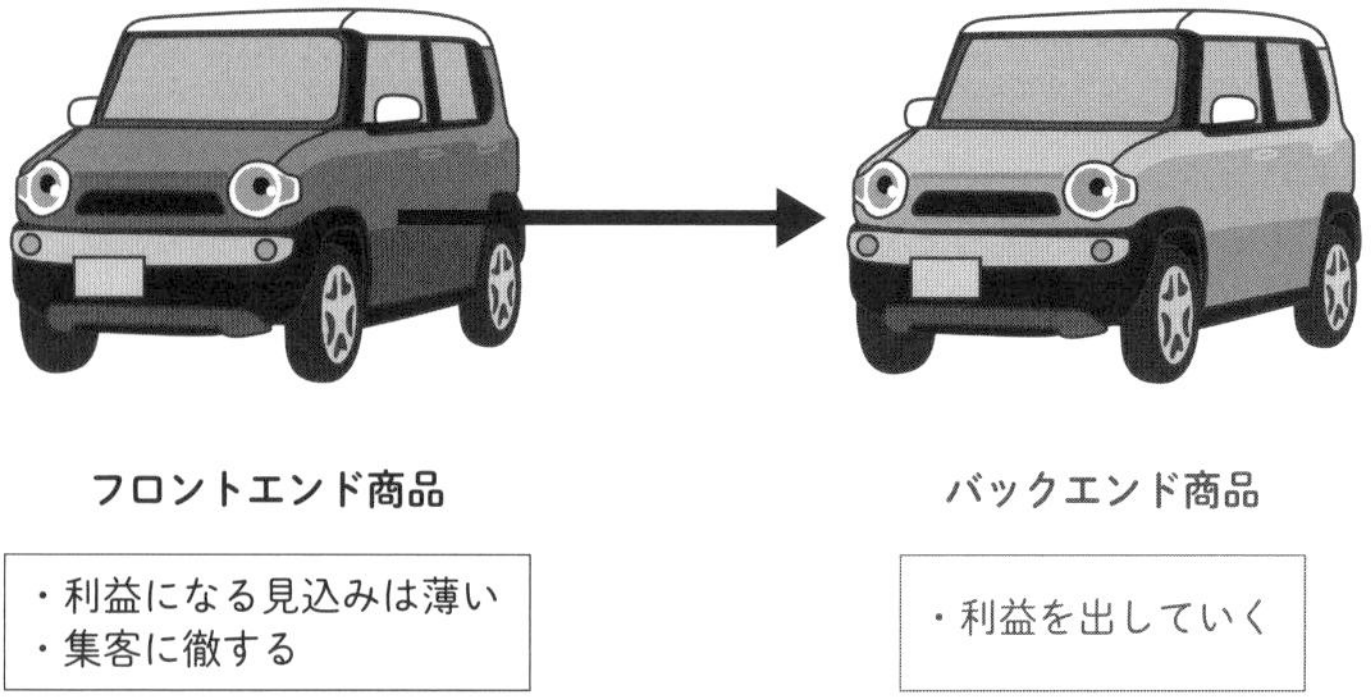

ただ、そのなかには「もう少し走行距離が少ないほうがいい」「0円は魅力的だけど色が気に入らない」などと感じる人もいます。そういう人がバックエンドの商品を見て、興味をもちます。

このような流れを作っておくことで、より多くのお客様に満足してもらえますし、店としての収益も増えやすくなるわけです。これはマーケティング施策としては一般的な方法です。

例えば、スーパーマーケットでは店頭に特売品を並べています。チラシなどでも「卵1パック100円」「キャベツ1玉50円」といった目玉商品を広告し、お客様を呼びます。

しかし、それだけでは収益は伸びませんので、店内では通常どおりの商品を、通常どおりの価格で売っています。特売品の卵やキャベツと合う食材や調味料などを売って、フロントエンドを活用しながら収益を伸ばすわけです。

そのほかの事業でも、例えば、通信販売には「お試し価格」「サンプル無料」といったフロント商品の戦略がありますし、ネット系のサービスでは「1カ月無料」「初回無料」といった入り口を作り、定額利用に結びつけています。

戦略的に事業を考えるのであれば、フロントエンドとバックエンドはセットである必要があります。むしろ、利益が見込みづらいフロントエンドの商品は、収益性が高いバックエンドの商品を売るための存在ですから、お客様から見るとフロントエンド商品がメインに見えますが、事業者側としてはバックエンド商品がメインといえます。

当時の私はそこまで深く考えず、「安さの究極は0円だろう」「だったら0円で売ろう」くらいにしか考えていませんでした。ただ、市場にはインパクトが大きく、「0円中古車」で広告を出すと、近隣はもちろん、県外からもお客様が来るようになったのです。

成果を見て仮説を検証

0円中古車は、はっきりいってほとんど利益を生みません。

ただし、0円中古車は走行距離や年式の面でどうしても質が落ちます。そのため、そう感じた人たちがバックエンドの商品を買います。そこで収益が生まれたため、事業としてはそれなりに順調でした。個人的には、ホップ、ステップ、ジャンプのホップの部分として、この事業は成功だったと思っています。

なぜなら、収益性よりも重要なこととして、「安さ」によって利用者の「使ってみたい」という気持ちを刺激できると分かったからです。車種にこだわらなくても、安ければ売れます。そのことを証明するかのように、来店するお客様が急増しました。安さが価値であり、事業の軸になり得ることを実感しましたし、安さ（絶対的な安さ）を求めている人がいるはず、という仮説が間違ってないと自信がもてたのです。

「使ってみたい」気持ち作り 2 価値を分かりやすく見せる

0円中古車を売ってみて、分かったことがもう一つありました。それは、車を買う人から見ると、車の適正価格がよく分からないということです。

例えば、新車登録から7年経った（7年落ち）100万円の車と、5年落ちで130万の車があるとします。ほとんどのお客様は、どちらを選べば良いか迷います。なぜなら、どちらがお買い得か分からず、お買い得の度合いを判断する基準も分からないからです。

基準が分からないのであれば、基準を明確にすればお客様は判断しやすくなります。

では、車種にこだわらないとしたら、中古車の価格は何を基準に決まるのでしょうか。

その答えは、年式と距離です。この組み合わせで中古車の価格は決まりますし、決めることができるわけです。

この気づきを得て、私はホップからステップを目指すことになります。

ステップに該当する事業は、店頭に並べる車のメイン価格を39万８０００円（車両本体価格）で統一する「３９８専門店」という事業です。

３９８専門店に来店するお客様は「できるだけ安く買いたい」と思っています。39万８０００円なら、０円ほどインパクトはないまでも、満足できる価格帯です。

ただ、お客様の視点から見ると、買おうかどうか検討している車に、39万８０００円の価値があるのかどうかが分かりません。お客様としては、「予算内に収まる」「39万８０００円なら買える」といった判断はできますが、中古車の価格に関する基準をもっていないのです。そのため、私は年式と走行距離を基準に計算して、39万８０００円の価値

398 専門店の構想メモ（概略）

398専門店の構想メモ（概略）

● **購買動機の優先順位**

価格、走行距離・年式、広さ（ワゴンorセダン）、デザイン（四角or丸型）、カラー、装備（機能、燃費）、ブランド（メーカー）

● **398専門店は価格（売値）が先に決まっている**

● **仕入れパターン**

① 不人気ワゴン 17年式
　オッティ（日産）
　…4万km台まで

ポイント！
車内の広さ
年式の新しさ

② 高年式セダン 18年式
　エッセ（ダイハツ）、アルト（スズキ）など
　…3万km台まで

ポイント！
年式の新しさ
走行距離の短さ

③ 人気ワゴン 15年式
　MRワゴン（スズキ）
　モコ（日産）
　ライフ（ホンダ）
　…3万km台まで

ポイント！
人気車種
車内の広さ

※2010年当時

がある車だけ並べようと考えました。

一般的に、中古車販売は、まず売れそうな車を仕入れ、状態（年式、走行距離）を踏まえて、利益を乗せて、売値を決めます。

私はそこを逆にしようと考えました。つまり、まず売値（39万８０００円）を決めたうえで、利益が出せる車を探し、そのなかから状態（年式、走行距離）が良いものを仕入れることにしたのです。お客様側の購買行動も逆になります。通常は、好みの車を選び、状態（年式、走行距離）を見て、価格を確認し、予算と相談します。

３９８専門店の場合は、予算と価格が決まっています。買値（39万８０００円）が決まっているなかで、状態（年式、走行距離）が良いものを選び、気に入った車種を選ぶという順番になるわけです。

これも「０円中古車」と同じくらい非常にお客様に支持されました。むしろ０円中古車よりも評判が良く、来店者数も販売台数も売上も伸びました。

支持された理由は、お客様にとって「分かりやすかった」ためです。まずは価格が決まっていますから、そこで悩む必要がありません。

年式と走行距離についても、売値から仕入れ値を逆算して考えると、必然的に状態が似た車を仕入れることになります。お客様から見ると似た状態の車が並ぶことになりますので、一台一台の状態を比べる必要がなくなります。

これもお客様から見れば分かりやすい要素の一つになりました。

選択肢が多過ぎると選べない

398専門店を始めたときのもう一つの決めごととして、1500cc以上の車は扱わないことにしました。軽自動車やコンパクトカーに絞ったほうが、年式と走行距離の面で良い車が仕入れられるからです。

これもお客様に「分かりやすい」と評価された要素の一つです。車種を絞るとお客様の選択肢が限定されると考える人もいます。

確かに、軽自動車からSUVまで、バラエティーに富んだ車が並んでいるほうが良いと考えるお客様もいます。しかし、選択肢が多ければ良いというわけではありません。

消費者の購買行動に関する有名な実験で、ジャムの実験というものがあります。これはコロンビア大学のアイエンガー教授が行った実験に基づくもので、スーパーマーケットでジャムの試食販売をする際に、6種類のジャムを並べたときと、24種類のジャムを並べたときとではどちらが売れるかを調べたものです。

結果を見てみると、24種類のジャムを並べたときのほうが人が多く集まりました。しかし、購買率を比べると、6種類のジャムを並べたときのほうが圧倒的に高くなりました。

お客様の立場から見ると、24種類のジャムは興味が湧きますし、「こんな味のジャムがあるのか」と試食してみたいという気持ちも高まります。しかし、いざどれか買うとなると、選択肢が多くて選べなくなってしまうのです。

このことから、教授は選択肢の数は5~9個くらいが適切とまとめています。

これはジャムの話ですから、商品が変われば適切な選択肢の数も変わるでしょうが、選択肢が増えると、お客様には選ぶためのストレスが掛かるという点はどの商品にも共通しているといえるでしょう。選択肢が多過ぎることが原因で、選択するために掛かるストレスから逃れようとしたり、その結果として判断（意思決定）を先送りにすることを、心理学では、決定回避の法則といいます。

これは日常でもよくあることです。例えば、レストランのメニューが多過ぎると、選ぶのに疲れて「なんでもいいや」「おすすめにしておこう」となりがちです。

選択肢が多過ぎると選べない「ジャム実験」

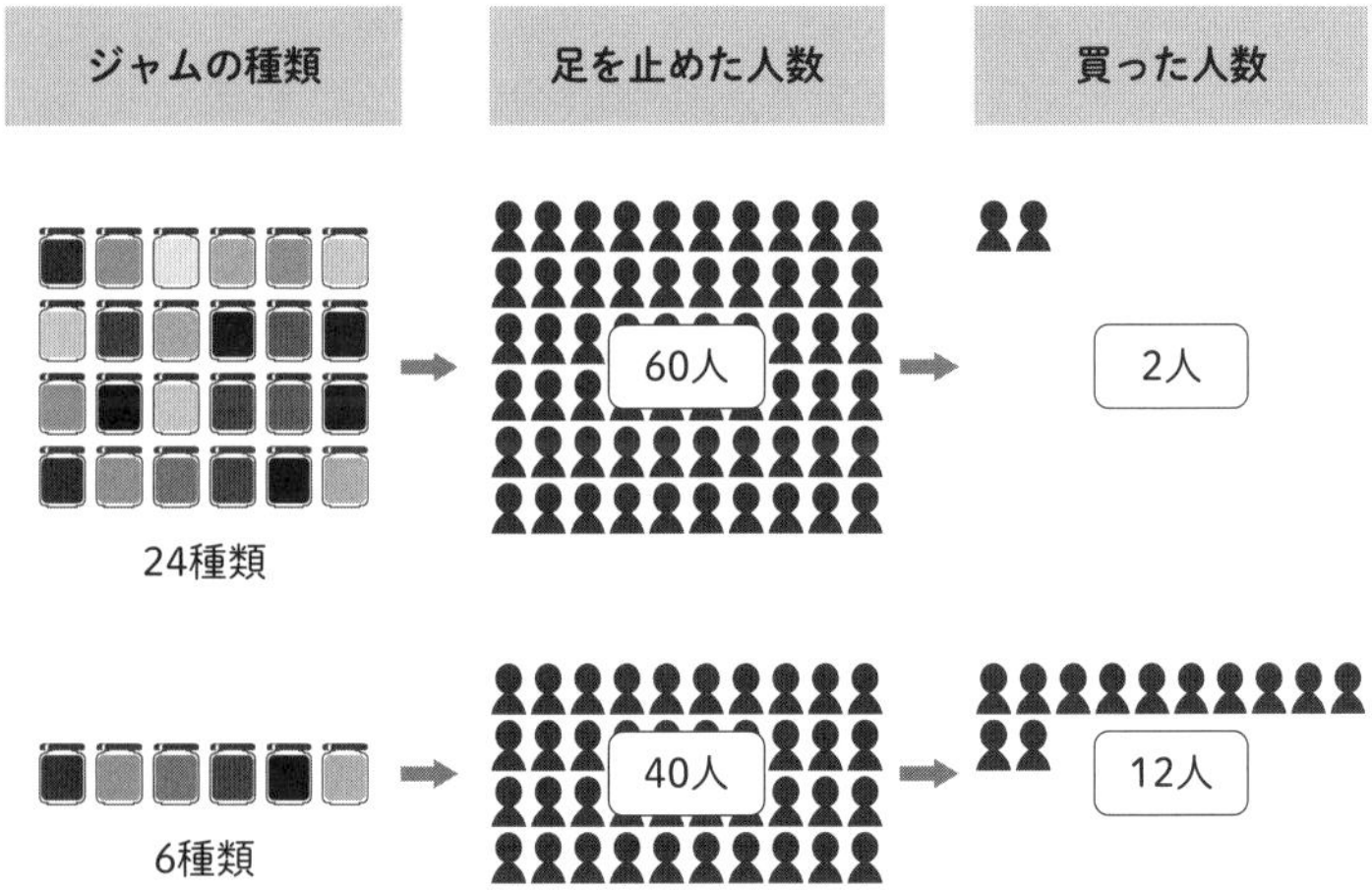

保険のプランなども同様に、保障内容や仕組みが複雑になるほど「また今度考えよう」「とりあえず安い保険でいいか」となります。

つまり、「選べる」のはうれしいことかもしれませんが、「選ぶ」ことは疲れるということです。体力を使いますし、時間も掛かります。

逆に、選択肢が少ないことで、お客様が買いやすくなるケースもあるでしょう。例えば、iPhone の新機種は、いつも3種類くらいです。3つなら迷いません。予算や用途に合わせてすぐに決めることができます。

中古車も同じで、「できるだけ多くの選

択肢を検討したい」と言う人もいますが、その一方には「多過ぎると選べない」と感じる人もいます。そう感じるお客様に対しては、価格（39万8000円）を固定し、車種もあらかじめ絞っておくことが重要なポイントになるのです。

値頃感を押さえる

39万8000円という価格に設定したこともお客様に支持された理由の一つです。39万8000円という価格は、キリが良くない中途半端な価格設定です。しかし、ここには理由があります。

398専門店を作る少し前、私はコンサルタントから価格設定の基本的な考え方を教わりました。それは、人はモノの価格を判断するときに、1、2、3、5を基準に考えることが多いということ、そして、それらの基準に対して2〜3割引の価格になると「安い」と感じることが多いということです。例えば、レストランで食事をするときの値段として、多くの人が「一人なら1000円くらい」「2、3人なら3000円くらい」といった予算感をもちます。少し高級な食事なら1万円、お祝いごとなどは5万円くらいを考えることでしょう。

月々の積み立てを考えるときも、月1万円や月5万円と考えることが多く、月4万円や月8万円と考える人は少ないのではないでしょうか。無意識かもしれませんが、人はなんとなく、1、2、3、5を意識します。

車を買う際も、1万円という人はさすがに少ないですが、安く買いたい人は10万円や20万円、もう少し出せる人は50万円、さらに出せる人は100万円、200万円といったように、1、2、3、5を予算の目安とする人が多いといえます。

つまり、明確な理由はなく、「絶対に1、2、3、5」「4や8は選ばない」とは言い切れないものの、人が心理的に節目になりやすい数字が1、2、3、5なのです。

これらの数字が基準だとして、実際の価格が基準となりやすい価格から2～3割引くらいになると「安い」と感じやすくなります。2～3割引した価格は、10万円なら7～8万円前後、5万円なら3・5～4万円、3万円なら2・1～2・4万円です。

398（39万8000円）という中途半端な価格は、ここに由来します。通常なら50万円前後で売られている車を2～3割引（7～8掛け）である398にすることで、店の価値である「安さ」を感じてもらおうと考えたわけです。

このような価格設定は街中でもよく見られます。例えば、ファーストフードでは５００円くらいの価格でハンバーガーのセットを売っています。一方、「お得なセット」もあり、その価格はだいたい３９０円前後です。通常なら５００円のセットを、２〜３割引（７〜８掛け）の価格にすることで、ファーストフードのウリである安さを強調しているわけです。

お客様を絞り込む

価格を決め、車種を絞るということは、売る商品を絞ることであると同時に、お客様を絞るということでもあります。

車選びでは、車種のみならず、色、仕様、内装、オプションなど、細かな点にまでこだわって車を買いたいと考える人がいます。新車を買う人はこの傾向が高く、価格が高い分だけ満足した車を手に入れたいという気持ちが高くなります。

家を買う人もおそらく同じです。高額な商品ほど細部にこだわって買いたいという気持ちが強くなるのです。

一方、398専門店は「安さ」という価値を提供する店です。こだわって買いたいタイプの人はお客様になりにくく、「安さ」を求める人がメインのお客様です。

0円中古車の経験から、市場には安く乗りたいと考えている人が一定数いることが分かりました。それなら、万人受けする店を目指すのはやめて、「安く乗りたい」人に絞った事業にするのも一つの方法です。商品を絞り、買い手を絞ることが、事業や店の特徴を際立たせることにもつながります。

特に中古車ディーラーのように市場そのものが成熟している場合、地域の中小企業が全国展開している大手ディーラーに立ち向かうのは困難です。大手の中古車ディーラーは、安い車から新車同様の高い車まで幅広く扱っています。お客様の層も幅広く、幅広い層に対応する力もあります。

中小企業が同じことをしても勝ち目はありません。多様な車種を在庫する資金も、在庫を並べる敷地も、ニーズが異なるお客様に対応するスタッフも、あらゆる面で大手に負けるからです。

しかし、0円中古車や398専門店のように、「これ」という特徴があれば、お客様が呼べます。万人受けは狙わず、お客様の層をピンポイントで絞り込むことで、「安く乗りたい」人には認知されやすくなるのです。

そもそも中小企業は、大手と比べてヒト・モノ・カネが足りません。その点から見ても、無闇に商品を広げず、「これ」という特徴に合う商品だけ扱うほうが、事業として無駄がなく、効率が良いといえるでしょう。

「安く買える」と「安く乗れる」は違う

３９８専門店は、車に細かくこだわりたい人をターゲットから外しています。同時に、39万８０００円よりさらに安く買いたい人も外しています。さらに安く買いたい人とは、「39万８０００円でも高いなあ」「できれば20万円で買いたい」というように考えているお客様のことです。

中古車市場を探せば、39万８０００円より安く買える車はあります。私自身、０円中古車を事業としていましたから、数万円で買える車があることは分かっています。ただ、中古車の質は価格と比例します。価格が安くなるほど、安全に、安心して乗れる車が減ります。「安かろう、悪かろう」では、故障が増えたり安全に乗れなかったり、最終的にお客様のデメリットになります。

安さを価値として提供するとしても、それは最低限避けなければなりません。安さの追求と、プロの中古車ディーラーとして安全と安心を評価したうえで、最大公約数となったのが39万８０００円という価格なのです。

また、車を「安く買える」ことが、必ずしも車に「安く乗れる」ことにつながるとは限りません。

この気づきが、のちに、３９８専門店は、その気づきをもたらしてくれた大きなきっかけでした。

スクにつながることになります。例えば、３万円で買える車があるとします。とにかく安く買いたいと考えている人にとっては、３万円は十分に魅力的な価格でしょう。

しかし、中古車は安かろう悪かろうですから、購入後に故障し、修理代が掛かる可能性があります。仮に10年乗るとして、修理代が合計50万円掛かったとしたら、車に乗るための費用は税金などを別にしても53万円になります。

一方、車両本体価格が39万８０００円でも、年式が新しく、走行距離も少なければ故障する可能性は低くなります。10年乗って修理代が10万円掛かったとしても、結果として３

万円の車よりも安く乗れることになります。

つまり、車に安く乗ることが目的であれば、車両本体価格だけではなく、購入後に掛かる費用も考える必要があるということです。安さを価値とするのであれば、車に乗るためのトータルコストを安くしなければなりません。

そのためにはどうすれば良いか、どんな方法で車を提供すれば良いか考えた結果、私はメンテナンス費用や税金をすべて含めたサブスク型のサービスにたどり着くことになったのです。

定説を疑って商機を見出す

さて、ここまでが1の「利用者の『使ってみたい』という気持ちを作る」話です。

ここでいったん、0円中古車と398専門店を経て、私が学んだことをまとめておきます。

まず一つ目は、モノ売りの発想をコト売りに変えることで、定説からは見えなかった新たな商機が見えるようになるということです。

一般論として、車は売れなくなっています。これが定説です。実際、世の中のトレンドとして所有欲が下がり、所有する価値が下がっているため、あらゆるモノが売れにくくなっています。

しかし、地方は車がなければ生活が不便です。そのため、移動手段としての車は必要です。ここで商機が見えてきます。車を売るのではなく、移動手段の一つとして「新しい乗り方」を提供するというコト売りの視点があれば、「車は売れない」「事業にならない」といった定説にとらわれることなく、新たな事業を作り出すことができます。モノ売りの視点からは見えなかった車の価値が、コト売りの視点をもつことによって見えるようになるのです。

また、中古車ディーラーの一般的な価格設定として、車種を基準にして考えます。これも定説です。

しかし、世の中には車種よりも価格を優先する人がいます。相対的な安さより絶対的な安さで買うかどうかを判断する人から見れば、車そのものは人気車種である必要はなく、不人気車でも軽自動車でも十分なのです。

ここにも商機があります。車種を考えずに安さを追求すれば、扱える車が増えます。安さの提供で喜んでくれる人に支持されますし、モノ売りの視点で「人気車種を売る」ことにとらわれがちなほかのディーラーと違った施策が見えてきます。

私がすんなりとこの視点をもてたのは、いい方に語弊があるかもしれませんが、そこまで車（そのもの）にこだわりがなかったからだと思います。カーディーラーのスタッフは、基本的には車好きです。車が好きだから、ついモノ売り目線で車を評価し、こだわり、売ろうとしてしまいます。お客様のためという大義名分はあっても、目線はお客様ではなく、車に向いているのです。

一方、私はそこまで車に執着がありません。自分自身が「乗れればいい」「安ければさらにいい」という感覚で車と付き合ってきたため、車そのものへのこだわりが小さく、その点が感覚として、0円中古車と398専門店のお客様に近かったのです。

「使い続けたい」と思わせる　長く付き合える関係性作りが重要

0円中古車が398専門店になり、お客様に「使ってみたい」と思ってもらうきっかけができました。

次の課題は、**2** 利用者に「使い続けたい」と思わせることです。

ここで私は壁に当たります。安さを価値として提供し、お客様が増えたところまでは良かったのですが、その先の展開が見えなくなったのです。

安いことは良いことです。それは間違いありません。実際、0円中古車も398専門店も大勢のお客様が来ましたし、多くの人に喜んでもらいました。

ただ、中古車のように頻繁に買い替えるものではない場合、どうしても「売って終わり」になってしまいます。次に車を買い替えるまでのサイクルが長いため、リピーターが作れず、常に新しいお客様を呼び込み続けなければならなくなってしまうのです。

また、事業の難易度という点から見て、安さの追求はそれほど難しくありませんから、やがて競合が参加してきます。すると、どれだけ値引きできるかという価格競争に入ってしまいます。

実際、この数年後には0円中古車や1円中古車をウリにするディーラーが増えましたし、398専門店と同じ考え方で、さらに安い価格（298とか198とか）にするディーラーも増えました。

ここにハマるとジリ貧の事業になります。安さにつられるお客様ばかりになり、安売りを求められるようになり、収益性が伸びにくくなります。いずれ安く仕入れて高く売る従来型の事業に戻ってしまうか、さらに安く売る事業者が現れ、負けてしまいます。

つまり、安さは単なる入り口に過ぎないということです。事業として継続させていくためには、安さでお客様を獲得するだけでなく、そのお客様が来月も、再来月も使い続けたいと思うコトを提供する必要があるのです。

ＬＴＶが事業の生命線

では、「使い続けたい」と思ってもらうには何が必要なのでしょうか。その答えを考えて、私は2つのことに気がつきました。

一つは、既存のお客様が重要だということです。これはＣＲＭ経営の考え方に通じます。お客様は、新規のお客様とリピートのお客様に分けることができます。

私はこのときまで、新規のお客様をどうやって獲得するかを考えていました。0円中古車で安さを提供したことも、398専門店で分かりやすさを提供したことも、新たに中古車を買う人を獲得するための施策です。それはそれで重要なのですが、事業の継続性という点から見ると、新規のお客様以上に、既存のお客様を維持することが重要です。お客様がリピートしてくれれば、収益が安定します。お客様と良い関係性を築き、絆を創ることができれば、事業が継続しやすくなります。特にモノ売りからコト売りに変わっている時代では、お客様との絆を創ることの重要性が増しています。

社会全体として人が減り、消費力が落ちているなかでは、良いモノを作って並べても、人が減っていけば売上は減ります。安く売って喜ばれても、喜んでくれるお客様の総数が減っていきます。

モノ売りからコト売りに事業モデルを変えることは、このような時代で事業を継続させ、企業として中長期的に生き残っていくために避けて通れない道なのです。

また「使い続けたい」と思うお客様が増えると、収益が安定します。これが基本的なLTVの考え方です。LTVはサブスクの本質といえます。

なぜなら、サブスクは「使ってみたい」と思わせることによって利用者を集めるだけでなく、「使い続けたい」と思ってもらい、長期で収益を獲得することによって成り立つ事業モデルだからです。

当時の私にはこの視点が抜けていました。0円中古車と398専門店の経験を踏まえて、さらに一歩先へ進むために、安さのみに頼らず、お客様が「使い続けたい」と感じる価値を作り出す必要があったのです。

ＣＲＭ経営の視点から見ると、顧客と良い関係性ができているほどＬＴＶは安定し、向上します。お客様に対する理解が深いほど、使いたいと思うサービスに進化させることができます。その結果、ＬＴＶが向上し、サブスクの継続率も向上し、事業として成立しやすくなります。

つまり、顧客との関係性（絆）を深めることがサブスク成功の鍵であり、ＣＲＭ経営の哲学なくして、サブスクで成功することはできないということなのです。

手間と時間の負担を軽減する

２つ目の気づきは、「コト売りをしよう」と思っていた私自身が、完璧なコト売り視点にはなれていなかったということです。

０円中古車は、安さを提供するコト売りの事業です。私はそう思っていました。ただ、よく考えると、中古車そのものを０円で売るモノ売りの要素が残っています。３９８専門店も同様に、安く、安全に、安心して乗れるという点でコト売りだと思っていましたが、質が良い中古車を売るモノ売り事業の要素があります。この状態では、本当の意味でコト売りに移行したとはいえません。車をもたざるを得ない環境で暮らし、車の購入費や維持費によって家計が圧迫されている人たちが、100%満足できる事業ともいえないのです。「使い続けたい」と思ってもらうためには「安さ」とは別の価値を提供する必要があります。

それがなんなのかを突き止めるため、私は再び地域の人たちの課題について考えました。ホップとステップにつながった「安さ」に目をつけたのは、地域の人たちが「車に掛かる負担をできるだけ小さくしたい」と思っているはず、という仮説を立てたことが始まりです。

地方は車が手放せません。もたざるを得ないからこそ「安く抑えたい」「お金を掛けたくない」と考える人がいます。ただ、車の負担はお金だけではありません。

車選びで悩むところから始まり、納車時の手続き、保険加入、2年ごとの車検、修理のため入庫など、車に乗ることによってあらゆる手間が掛かり、時間が掛かります。

そこで考えたのが、「手間を掛けたくない」「時間を掛けたくない」と考える人も多いはず、という仮説です。この仮説に基づいて、車関連の負担をすべてまとめて引き受けようと考えました。

０円中古車や３９８専門店のお客様が、「安い車」ではなく「安い移動手段」を求めていたのだと考えれば、面倒な手続きなどはないのが理想です。手間と時間が掛からなくなり、気楽に、簡単に乗り続けることができるようになれば、お客様は「使い続けたい」と思ってくれるはずです。そのようなことを考えていくうちに、私は「車を売らない」という結論にたどり着きました。

なぜなら、面倒くさい手続きやメンテナンスなどは、すべて「車を買う」ことによって生まれるものだからです。車を買うと、手間と時間の負担が掛かります。車を買わず、所有者にならなければ、お客様は純粋に「移動手段」だけを手に入れることができます。

そこに着目して、車を売らず、貸す事業に変えようと考えました。このときに、車のサブスクという事業モデルが見え始めたのです。

ＬＴＶを高められる事業モデルに変えていく

では、改めてコト売りの事業化についてまとめます。

サブスクはもちろんのこと、人が減り、モノが売れなくなっていく時代では、お客様一人当たりから獲得できる収益（ＬＴＶ）を大きくしていく必要があります。サブスクはそのため手段として最適ですが、課題が２つあります。

１つは、利用者が「使ってみたい」と思うコトを提供できるか。２つ目は、使ってみたいと思った利用者に「使い続けたい」と思ってもらうコトを提供できるかです。

私のケースで説明すると、地域には「車にお金を掛けたくない」と感じている人が多いはず、という仮説から、安さを提供できる店を作り、それが「使ってみたい」と思う人たちの集客につながりました。しかし、それだけでは事業になりません。日用品や消耗品とは違って、中古車は購入頻度が低く、買い替えのサイクルが長いため、安くするだけではＬＴＶの向上につながらないのです。

そこで必要になるのが、安さとは別のコト（価値）を提供することです。車の場合、「カーライフをもっと楽しみたい」「高齢なので運転したくない（させたくない）」「車を通じた仲間を増やしたい」と考える人がいます。そこに目を向ければ、コト売りのヒントも見えてきます。

そのなかで、私は「車に掛かる手間と時間を軽減する」ことを選びました。また、そのための手段として、車を売るのではなく、貸すことによって移動手段だけを提供しようと考えました。この事業モデルなら、お客様は「所有から利用」を実現できます。事業者としてはモノ売りからコト売りに変わることができます。

振り返ってみれば、「中古車ディーラーですが、車を売らない事業を始めます」「車ではなく移動手段を売ります」と吹っ切れたことが、ホップ、ステップからジャンプにつながった大きなポイントでした。このことから分かったのは、「使ってみたい」と思う人を集めるだけでなく、「使い続けたい」と思ってもらうための施策まで考えておかないと、サブスクは事業にならないということ。そして、「使い続けたい」と思ってもらうためには、「中古車ディーラーは車を売る事業」といった従来の事業モデルを根底から見直し、LTVを高められる事業モデルに作り直す必要があるということです。

それができれば、中古車のように薄利多売の多売が難しい事業でも、継続的に収益を伸ばすことができます。価格競争に巻き込まれるリスクを避けることができ、ブルーオーシャンで事業を伸ばしていくこともできるようになるのです。

第4章

月々5000円で車が手に入る
田舎でうけた
「中古車のサブスクリプション」

「買って乗る」常識を壊したい

サブスク成功には、モノからコト、所有から利用へ時代がシフトしたことで、お客様の「使ってみたい」気持ち作りと、「使い続けたい」気持ち作りが重要です。

ただし、サブスクは一つの事例に過ぎません。実際、私がこの事業を作ったときにはサブスクという事業モデルはまったくといってよいほど浸透していませんでした。重要なのはサブスクという形ではなく中身（お客様の「使ってみたい」「使い続けたい」という気持ちを作ること）です。そのためには、お客様の悩みや課題を解決する必要があります。

さて、ホップ、ステップの段階を経て私がたどり着いた答えは、「車＝モノを売らず、移動手段として提供することでお客様に満足していただく」ことでした。単発的に車を売るのではなく、移動手段として車を貸し出すということです。そうすることにより、お客様は車を所有するための費用、手間、時間を軽減できます。事業者側としては、長期で利用してもらうことによってＬＴＶが高くなり、収益が安定します。

ただし、これはあくまでも理想に過ぎず、現実に目を向けると、市場には「車は買って乗るもの」という固定概念があります。移動手段として車を貸すサービスとしては、レンタカーやリースといった既存の事業モデルがあり、これらを一つずつ検証して、自分がイメージする事業モデルの不足点や不十分な点を改善して、理想と現実のギャップを埋めていく必要があります。はっきりいって、これは骨が折れる作業です。私の場合も、構想を思いついてから定額エコノリくんをサービス開始に漕ぎ着けるまで、6年も掛かりました。

ただ、そこに力を注ぐことが、新規事業作りであり、経営なのだと思います。本当にお客様に役立つ事業なのであれば、苦労点は多くても必ず実になり、成果が出ると信じて取り組むことが大事です。

ディーラーだけど車は売らない

車のサブスク（定額エコノリくん）にたどり着くまでの過程で、私は2つの壁を乗り越える必要がありました。

一つは、車は「買って乗る」という大前提を壊し、買うよりも安く乗れる仕組みを作ること。2つ目は、既存のレンタカーやリースよりも安く乗れる、乗り方のイノベーションを起こすことでした。

では、一つ目から振り返ります。

車に乗る人の大前提は「買って乗る」ことです。手持ちのお金がある人はそれでよいのですが、困ってしまうのは経済的な余裕がない人です。地方で暮らす人たちのように、安く乗りたいと思っている人たちも「買って乗る」ことに潜在的な不満を感じています。ただ、そのような事情や不満があっても、「買って乗る」ことが大前提ですので、買うしかありません。できるだけ安い中古車を買ったり、一括で払えない場合はローンを組んだりして買うしかないわけです。私が目指したのは、この現状を変えることです。

つまり、「買って乗る」のが当たり前だと思っている人たちに、借りて乗る新しいサービスを認知し、利用してもらうということです。この時点では、中古車ディーラーであるにもかかわらず、車を売らず、貸す事業を考えることに多少の違和感がありました。

しかし、「買って乗る」という大前提を壊すのであれば、車を貸す事業を考えるしかありません。また、世の中では所有から利用に向かうトレンドがあります。所有するためのお金、手間、労力などを負担に感じる人も増えています。そう考えると、「買いたい」と思っている人が減り、「借りて済ませよう」と考える人が増えることも予想できます。

それなら「中古車ディーラーが車を売らない」ことの違和感など気にしていられません。まったく新しい事業を作るのであれば、むしろ「ディーラーは売る仕事」という事業モデルの根幹から見直すくらい、大胆な発想が必要なのです。

リースをベースに事業を考える

さて、貸す事業としては、レンタカーとリースがあります。

当時はまだカーシェアがありませんでしたが、カーシェアが短期間の単発的な利用に向けたサービスであることを踏まえると、レンタカーの一種ととらえてよいでしょう。リースはオートリースやカーリースと呼ばれるサービスで、経営者や個人事業主の人であれば利用する場合も多いのですが、一般にはあまりなじみのないものかもしれません。

まずは概要をつかむため、リースのポイントを解説しておきます。

リースは、レンタカーとカーローンの特徴を部分的に組み合わせたようなものです。レンタカーと同じ点は、車に乗る人はリースの契約者ですが、車の所有者はリース会社であることです。

レンタカーと異なるのは、長期で借り続けられることと、ナンバープレートが自由に決められることです。契約はあらかじめ3年、5年、7年などと決めておき、その間、車の代金を月割りにして払います。この点はカーローンと似ているといえます。車種などを自由に選べる点もカーローンと同じです。ただし、カーローンは「買う」手段、リースは「借りる」手段です。リースの場合はリース会社が所有者になりますので、契約期間終了後に基本的には車をリース会社に返却します。そのため、リースの場合は将来的に不要になるなどして車を手放すとしても、廃車や売却の費用は不要です。また、車に掛かる自賠責保険、税金、メンテナンス費用などは、カーローンの場合はお客様が負担し、リースの場合はリース会社が負担するという違いがあります。リースする人の負担は、ガソリン代、駐車場代、任意保険などです。

リースとレンタルの違い

	リース	レンタル
契約期間	原則、中長期利用（最低半年程度から10年程度）	一時利用が主体の短期（最低1日以上から）
対象商品	ユーザーの希望商品をリース会社が購入して貸借	レンタル会社が所有する商品から選択
中途解約	原則的に不可	可能
商品の所有権	リース会社	レンタル会社
保守・修繕義務	ユーザー	レンタル会社
料金体系	物件価格×リース料率	一定の料金設定
月額料金	レンタル料金より割安に設定	リース料より割高に設定
契約終了後の扱い	リース会社に返却、または再リース契約を結び延長利用	返却

当社資料より作成

リースの良いところを踏襲する

では、地方での移動手段としてはどのようなサービスが向いているのでしょうか。

地方の人は日々の移動手段として車を使います。毎日のように使いますから、家の車庫に置いておき、いつでも必要なときに乗れるようになっていることが大事です。その点から見ると、レンタカーのような短期利用を前提としたサービスでは不十分です。

一方、リースは長期で借りるサービスですので、地方での利用に向いています。事業者側から見ると、長期利用を前提としたリースは、車を日常的に使う地方でそれなりの需要が見込めるということです。

このような点を踏まえて、私はリースの事業モデルを新規事業（のちの定額エコノリくん）のベースにしようと考えました。

リースが優れているのは、車の所有者がリース会社であるため、使う人が負担するメンテナンスの手間や費用が軽くなる点です。これは、利用者に「使い続けたい」と思ってもらう重要な点で、私が作る事業でも踏襲しなければならないポイントでもありました。

リースのメリット

● 車の所有者がリース会社なので、ユーザーが負担するメンテナンスの手間が軽くなる
➡ **「使い続けたい」気持ち作り**

● まとまった費用が不要
➡ **「使ってみたい」気持ち作り**

● 月額のなかに税金、メンテナンス費も含まれており、家計が安心
➡ **「使い続けたい」気持ち作り**

当社資料より作成

費用についても優れているところがあります。その一つは、車を購入するためのまとまったお金が掛からないことです。車を買って乗る場合、新車なら２００万円くらい、中古車は状態によりますが、少なくとも30万円くらいのお金が必要になるでしょう。

この一時的な出費は負担になります。カーローンを組んで購入する場合も、頭金が必要になることがあります。

その点、リースは月数万円で新車でも中古車でも乗ることができます。初期費用が掛からないという点で、リースは手持ちのお金がない人にとって便利なサービスなのです。

また、月々の負担が定額であることもポイントです。これは今のサブスク流行りにも通じている良い点で、定額ですから分かりやすいですし、支出額が固定になることで家計も安定しやすくなります。

この点はカーローンと比べると違いが分かると思います。

カーローンも月払いです。購入する車の総額を月数で割って払いますので、月額の返済額も基本的に固定されます。ただ、その点ではリースと同じなのですが、カーローンは車を買う手段ですので、買った車の車検費用や自動車税、メンテナンス代などは自分で負担します。つまり、返済額そのものは固定ですが、それ以外の部分で支出が発生するため、車関連の支出全体としては、実は月ごと、年ごとに変化するのです。

そのため、リースと比べて家計は不安定になります。2年ごとに車検代が掛かりますので、その都度、支出がかさみます。壊れた場合は修理代が掛かり、突発的な支出で家計が苦しくなります。

リースが優れているのは、税金やメンテナンス費用などを含めて利用料を計算する仕組みであるため、このようなリスク（家計リスク）を抑えられるのです。

「買うより安い」をどう実現するか

購入の初期費用が掛からず、利用料金が定額であれば、「安く乗りたい」と思っている地方の人たちにはうけるでしょう。

ところが、実際にはあまりうけていません。その理由は、定額ではあるのですが低額ではないため、つまり、総額を比べると、購入するよりもリースのほうが高くなっていたからです。

リースには車両本体価格のほか、車検費用や自動車税、メンテナンス代などが含まれます。また、契約内容によってはリース手続きに掛かる手数料や利用者向けのサポート料金なども含まれることがあります。仮に、現金で払えば200万円で乗れる車があり、リース契約だと総額210万円になるとしたら、「手持ちの現金は減るけど現金で買おう」と考える人は多いはずです。私が消費者の立場なら、そう考えます。

事業化するためには「買うより安い」を実現しなければなりません。見方を変えると、「買うより安い」が実現できていないから、世の中の人は「買うほうが安い」「買ったほうが得」と考えますし、それが「車は買って乗るもの」という固定概念につながっているということなのです。

ちなみに、割高になるケースがほとんどであるにもかかわらず、経営者や個人事業主の人でリースを使う人が多いのは、リース料が事業の経費になるためです。車に掛かるお金が経費になれば、その分だけ節税できます。

ただ、一般の人は経費にできませんし、そもそも事業用ではなく自家用として使うため、個人でリースを使う意味と価値が小さくなるのです。

車の価格を再定義する

「買うより安い」の実現を考えるため、私はまず「本当に買ったほうが安いのか」を検証してみることにしました。車を一括で買う場合とローンを組んで買う場合を比べると、ローンのほうが高くなります。なぜなら、ローンには金利がつくからです。

では、リースはどうでしょうか。リース料は前述のとおり車両本体価格のほかに車検費用や自動車税、メンテナンス代などを含みます。

車を買って乗るほうが高いかどうかを正しく判断するためには、車を一括で現金で買ったときの費用と、購入後に掛かる維持費用を含めて価格を比べる必要があります。結論からいうと、メンテナンス費用込みのリースのほうが、買って乗るよりも高くなります。なぜなら、リースで乗れる車の多くは、リース後に返却したときの残価がつかないことがほとんどであるため、実質的にはローンを組んで車を買う乗り方と費用の面では変わらないからです。

ただし、リースには便利な点もあります。それは、メンテナンス費用込みのリース契約にしておくことで、突発的な修理代が発生するリスクを抑えることができるのです。

この点は地方で暮らす人にはメリットです。車が故障し、修理代が発生する可能性は基本的には走行距離と比例します。車社会の地方で暮らし、たくさん乗る人ほど、車の維持費用が掛かっていますし、「故障したらどうしよう」「故障したらいくら掛かるか分からない」といった不安を抱えています。

メンテナンス費用込みのリースであれば、このような不安を解消できます。「故障したらどうしよう」という不安を、「メンテナンス費用を心配しなくてよい」「修理代はリース会社が負担してくれる」といった安心感に変えることができるのです。

問題は、このメリットが認知されていないことです。「リースは高い」「買ったほうが安い」という先入観があり、メンテナンス費用まで含めた実際の出費を計算する人も少ないため、リースという選択肢が最初から除かれてしまいます。

この状況を変える第一歩として、私は「車の価格」を再定義しようと考えました。中古車ディーラーの視点から見ると、車の価格は、車両本体価格か、もしくは車両本体価格と購入時に掛かる諸費用を含めた価格（乗り出し価格）を指すのが一般的です。これはおそらく業界外の人も同じで、車を買う人は「5年落ちのクラウンが200万円なら安い」「ほとんど走っていないアルファードが400万円なら安い」といったことを考えて、安いか

車の価格の再定義（エコノリ査定から）

エコノリ 査定表

査定日　令和3年7月7日

お客様名	上田《ウエダ》　花子《ハナコ》　様	TEL	0268-34-7755
		携帯	090-1234-5678
住　所	〒XXX-XXXX 長野県●●市●●●1234	E-mail	
勤務先		勤務先TEL	

車　名	N-BOX		グレード	Gﾎﾝﾀﾞｾﾝｼﾝｸﾞ		Tチェーン	年式	R2.1.15
走行距離	15,000	Km	駆動	FF	ミッション	FAT	車検	R5.1.15
排気量	660	cc	自動車税	¥10,800		新車時燃費	21.8	Km/l
月間走行距離	833	Km	年間走行距離	10,000	Km	最終走行距離	65,000	Km
使用月数	60	ヶ月	使用年数	5.00	年	ガソリン代	¥155	
査定開始日	R3.4.5							

期間ガソリン代	¥430,913
月間ガソリン代	¥7,182
期間オイル交換費用	¥50,400
期間自動車税	¥54,000
総車検費用	¥154,421
総メンテナンス費用	¥53,845
車両購入価格	¥1,300,000
購入からの総費用	¥2,043,579
車両査定価格	¥300,000
総使用金額	¥1,743,579

月額使用金額	¥29,060
実質月額（ｶﾞｿﾘﾝ代を省く）	¥21,878

どうか判断しています。

しかし、いずれの場合も購入後に掛かる維持費用が抜け落ちています。仮に１００万円で買った車に5年乗るとして、その間に、車検費用や自動車税、メンテナンス代などが合計50万円掛かったとしたら、その車の価格は１００万円ではなく、１５０万円です。そう考えることで、価格の見方が変わります。

「車の価格は、買ってから手放すまでの総額（トータルコスト）である」

そう定義し直すことで、「買ったほうが安い」という先入観を疑ってみるきっかけになりますし、車選びの基準や、車に乗る方法（買うか借りるか）を考える基準にもなるだろうと思ったのです。実際、中古車を買いに来たお客様にこの話をすると、「リースという方法もあるか」と気づいてくれます。

「リースのほうが良い」「買うよりも安心」と言う人も多くいます。

このような反応が徐々に得られるようになり、私は「車は買って乗る」という大前提を壊せると確信しました。手前味噌ですが、私は価格の再定義をきっかけにして、「買うよりも安く、さらに既存のリースよりも安い」新しい市場を作り出せたと思っています。

また、買って乗るか、手持ちのお金がない場合はローンを組んで乗るか、２つしか選択肢がなかったなかで、3つ目の選択肢を提供できたことは、「カーライフの負担を軽減したい」と思っている人たちへの貢献になり、車社会である地域への貢献にもなったと思っています。その発端がどこだったかというと、「車は買って乗る」という大前提に疑問をもち、業界初となる新しい乗り方を生み出そうと取り組み始めたことだったのです。

既存のリースより安くする

車を借りて乗るメリットを実感してもらうためには、もう一つ乗り越えなければならない壁がありました。それは、既存のリースよりも安く乗れる仕組みにすることです。利用者の視点から見ると、もっとも重要なのは現金で購入するより安いということです。自動車税と基本車検費用は仕方がないにしても、車両の購入費とメンテナンスなどの維持費用をできる限り安くしたいと考えるはずです。そう考えると、当時のリース料は高額でした。どんな車を、どのくらいの期間リースするかによりますが、リース料の相場は、新車のリースで3万円以上、中古車でも2~3万円くらいだったのです。

「使いたい」「使い続けたい」と思ってもらうためには、目に見えて安い価格にする必要があります。負担に感じないくらいの価格にしなければ、真の意味で安い移動手段を作り出すことにはなりません。そう考えて、私はどうにかしてリース料を下げられないだろうかと考え始めることになりました。

リース料の鍵は残価

まず目を向けたのは、リース料の設定方法です。

リース料は、車両本体価格からリース期間が終了したときの残存価格（中古車としての価格）を引き、リース期間で割り算して計算します。ここでの残存価格は、略して残価とも呼ばれるもので、将来の車の価格（価値）のことを指しています。

車は乗れば乗るほど価値が下がります。また、まったく乗らなかったとしても、時間が経つほど価値が下がります。これは中古車市場で、走行距離と年式によって価格が変わるのと同じことです。

中古車は、その車を販売している時点で、どれくらい走り（走行距離）、どれくらい経っているか（年式）に注目して価格を決めています。新車の状態から今の状態に至るまでの劣化が車の割引額を決めているということです。

一方、リースで借りる車は、その車をリース会社に返却するときに、どれくらい走り、どれくらい経つかを予測して価格を決めます。この価格が残価で、将来的な劣化によって車の割引額が決まります。

残価を決めるのはリース会社です。また、残価の根拠は、返却された車の中古車市場での相場です。つまり、中古車市場で高く売れる人気者であれば残価が高くなり、その分だけリース料は安くなりますし、中古車市場で安く売られている車は残価がつきにくいため、リース料が高くなるということです。

少し具体的に見てみましょう。

月々のリース料は、リースする車の車両本体価格、残価、リース期間で計算します。また、メンテナンス費用などを含める場合は、その料金を月々のリース料に足します。

（計算式）

リース料（月額）＝（車両本体価格－残価）÷リース期間＋メンテナンス費用

リース料金と残価の関係

新車…残価ゼロ、定価

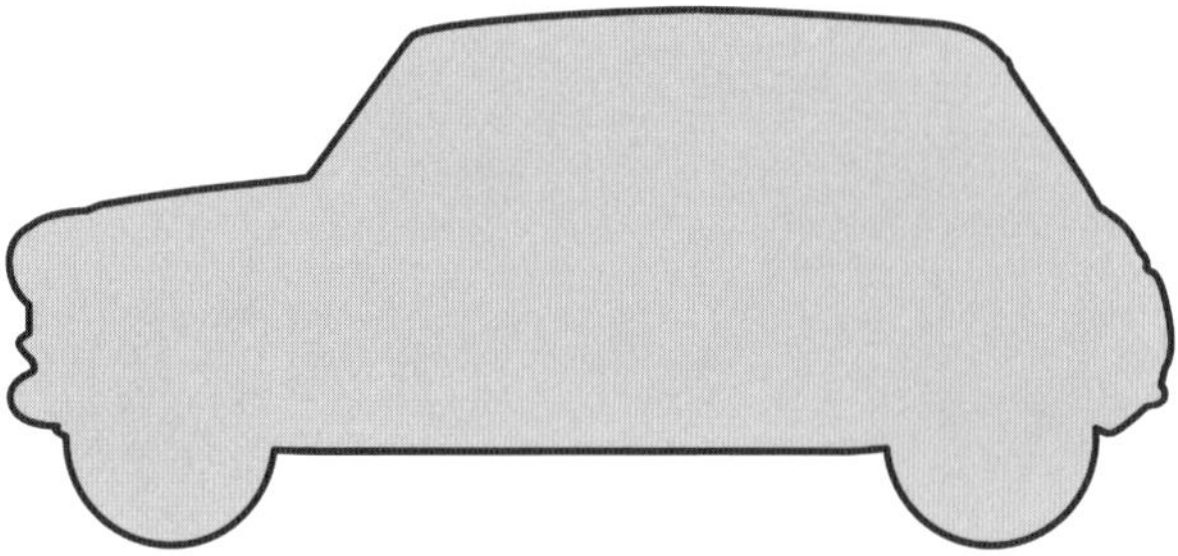

リースで借りる車…返却時の価値＝残価を割り引いた価格

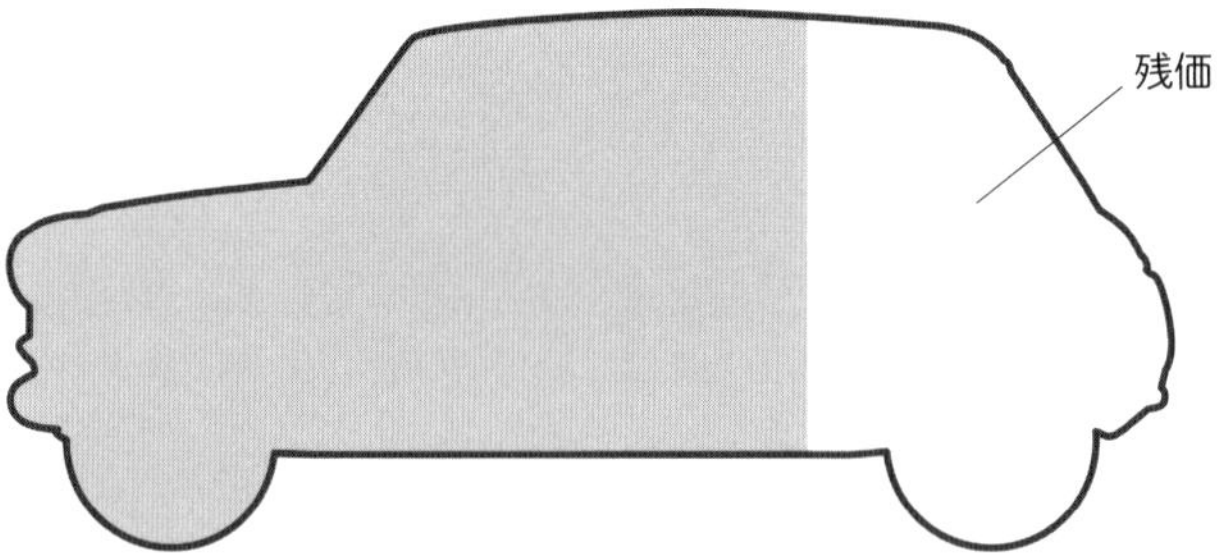

※返却時の価値は、中古車市場の相場を基準にリース会社が決める

当社資料より作成

例えば、車両本体価格300万円の新車を5年間リースするとします。

この車の5年後の中古車相場が60万円であれば、差額の240万円を5年（60カ月）で割算して、1カ月当たり4万円となります。これが車両本体のリース料です。

ここに、購入時に掛かる手続きの費用と、5年間で掛かる車検費用や自動車税、オイル交換などメンテナンス費用を加えます。これら費用の目安は、購入時にかかる手続きの費用と車検1回分、自動車税5年分、オイル交換10回分で、軽自動車なら25万、普通乗用車で30〜40万円くらいです。

30万円で計算すると、60カ月のリースの場合は1カ月当たり5000円となり、車両本体のリース価格と合わせて、月々のリース料は4万5000円となります（※金利は省いて計算しています）。

安くする方法は2つ

この流れを考えると、月々のリース料を安くできるポイントは2つしかありません。

1つは、リースする車の車両本体価格を安く抑えることです。

2つ目は、リース期間終了時の残価を高くすることです。

まずはリースする車を安くするケースから見てみます。

前述した300万円の新車（5年後の残価60万円）は、月5000円のメンテナンス費用込みの5年間リースで、月々のリース料が4万5000円になりました。

（（300万円－60万円）÷60カ月＋5000円＝4万5000円）

では、150万円の中古車（残価0円）だったらどうなるでしょうか。

5年落ちの中古車なら、新車の半値くらいで入手できます。

そこから5年間リースで貸し出し、10年後（新車登録から10年後）に残価が0円になったとしても、メンテナンス費用（月5000円）込みで3万円にできます。

（150万円÷60カ月＋5000円＝3万円）

ここで一つ重要なのは、車両本体価格は基本的には安いほうがよいのですが、安くなるほど車の状態（走行距離や年式）も悪くなるということです。

状態が悪い車は耐久年数が短くなり、5年（60カ月）のリース期間が2年や3年になってしまいます。

すると、月割りで計算する1カ月当たりのリース料が高くなります。車両本体価格だけを比べると、150万円の車より90万円の車のほうが安くリースできます。しかし、150万円の車が5年間リースでき、90万円の車が3年間しかリースできないとすると、どちらも月額のリース料は同じになってしまうのです。

150万円の車の5年リース（150万円÷60カ月＋5000円＝3万円）

90万円の車の3年リース（90万円÷36カ月＋5000円＝3万円）

次に、2つ目のポイントである残価について見てみます。

残価が高ければ月々のリース料は安くなります。再び150万円の中古車を例にすると、残価0円で計算すると月々のリース料は3万円です。

では、残価が30万円ならどうなるでしょうか。残価の分だけリース料から引けますので、月5000円のメンテナンス費用込みの5年間リースで、月々のリース料が2万5000円になります。

（150万円－30万円）÷60カ月＋5000円＝2万5000円）

この例から分かるように、車両本体価格が安い車はリース料が安くできますし、残価が高い車はさらにリース料が安くできます。

つまり、車両本体価格が安く、なおかつ残価が高くつく車を見つけるという合わせ技によってリース料は極限まで安くできるということです。

目標は「月1万円以下」

実現できるかどうかは別として、リース料を下げる道のりは見えました。

では、いくらまで下げれば良いのでしょうか。リースの相場が月3万円くらいだとすると、利用者が払う金額は5年間のリースで総額180万円です。180万円の中古車は市場にたくさんありますので、最低でもこの価格は下回らなければなりません。重要なのは、既存の方法より安く乗れる仕組みを作ることです。その仕組みを作らない限り、お客様は「買ったほうが安い」「既存のリースでいい」と思いますし、「車は買って乗るもの」の世界に逆戻りしてしまいます。

また、新しい事業は、まずは市場に認知してもらう必要があります。そのため、利用者が「すごい」と思うくらいのインパクトを作り出すことが重要です。総額180万円が150万円になるくらいのインパクトでは、おそらく利用者は興味をもってくれません。

そこで少し目線を変えて、不可能な金額がいくらかを考えました。「こんなに安く乗れるの」と驚くくらいの金額にすれば、大きなインパクトを与えられます。

そこで見えてきたのが「月1万円以下」という金額です。月1万円ということは5年リースの支払い総額は60万円です。この価格なら十分なインパクトを与えられます。私の消費者としての感覚から見ても、1万円は安いと感じます。

また、世の中の人たちは毎月の携帯電話代で1万円くらい払っています。その程度の金額であれば負担もかなり小さくなるはずです。そう考えて、私は月1万円以下を目標に掲げました。

仕入れを安く、残価は高く

月1万円以下という目標で重要なのは、5年分のメンテナンス費用を含めて月1万円以下にするという点です。メンテナンス料を含まないのであればカーローンと変わりません。それはモノ売り事業ですし、事業の目的である「カーライフの負担軽減」（費用、手間、時間の軽減）にもつながりません。

また、メンテナンス料を月々のリース料に含めることで、利用者は「故障したらいくら掛かるんだろう」「高額な修理代が発生したら困る」といった心配や不安から解放されます。それがリースの良いところです。既存のリースの進化版を考えるのであれば、その点もきちんと踏襲しなければなりません。そこまで考えて、事業が具体的になりました。

メンテナンス料は月5000円くらいです。ということは、車両本体のリース料も月5000円くらいに収める必要があります。この金額を踏まえたうえで、月1万円以下で貸せる車を仕入れるというわけです。これは難題です。

そもそも相場が3万円の市場（リース市場）で月1万円を切ることが難題ですし、難題だからこそ世の中に存在しないサービスだったのです。ただ、突破口は見えていました。

軽自動車です。

軽自動車は、普通乗用車と比べて車両本体価格が安めです。

つまり、リースする一つ目のポイント「リースする車の車両本体価格を安く抑える」という点を満たすことができます。また、中古車販売の経験から、私は軽自動車が中古車市場でも値崩れしにくいことを知っていました。

普通乗用車は、8～10年くらい経つとただ同然の価格になります。しかし、軽自動車は、10年落ちで10万キロ走っている車でも10万円から20万円くらいで売られています。

値崩れしにくいということは、リセールバリューが見込めるということです。リース料を安くする2つ目のポイント「リース期間終了時の残価を高くする」という点も満たせる可能性があり、月1万円以下の実現も可能だと考えたのです。

都市部に住んでいる人は「軽自動車？」「人気ある？」と思うかもしれません。しかし、移動手段が必要不可欠な地方では、車に乗る機会が多いため、燃費が良いことが重要です。また、女性、高齢者、免許を取りたての人も車に乗らざるを得ない環境ですから、取り回しが楽なことも重要なポイントです。

軽自動車はそのような地域性によるニーズを満たしています。その点も軽自動車に注目したポイントでした。

軽自動車なら残価がつく

「月1万円を切れるとすれば、軽自動車しかない」

「軽自動車なら残価がつく。リース料を安くできる」

そう考えて、私はさっそく事業スタートに向けた準備に取り掛かりました。具体的には、金融機関から資金を調達し、会社の敷地内にメンテナンス工場を建てました。リースが増えると、貸し出し中の車のメンテナンスも増えるだろうと見越して、自社で整備できる体制を作ろうと考えたのです。

一方で、残価を設定するリース会社との交渉も開始しました。事業をスタートさせるためには、リース会社に軽自動車の残価を決めてもらう必要があるのです。これが難航しました。

なぜなら、リース会社には「8年以上経った車は、どんな車であれ残価はゼロ」という「常識」があったからです。

リース会社としては「常識」に反することはできません。常識はすなわちリース会社のルールであり、常識外のことはすなわち過剰なリスクを取ることです。そのため、10年落ちの軽自動車でも売れることを私が経験として知っていても、それだけで常識を崩すことができなかったのです。

「軽自動車なら残価をつけられます」

「いいえ、つけられません」

そんなやりとりを何度も繰り返しました。数万円でも残価がつけば、リース料が安くでき、月1万円に近づきます。しかし、リース会社の回答はあくまでもゼロです。残価をつけることを前向きに検討する姿勢も見られませんでした。

今思えば、リース会社は軽自動車専門のリースという事業に可能性や魅力を感じていなかったのでしょう。誰が利用するか分からず、需要があるかどうかも分からず、前例のない新規事業のために、業界と社内の常識を変えてまで関わる必要性を感じていなかったのです。

風向きが変わったのは交渉を始めてから1年近くが経ったある日のことです。

その日の打ち合わせには、いつもの交渉相手であるリース事業部の担当者のほかに、リース会社で中古車販売に携わっている部長が参加していました。リースから戻ってきた車を販売する部門に所属している部長です。

私が常々「軽自動車は値崩れしない」「残価をつけても大丈夫」と言っていたため、その真偽や信憑性を確認する意味を込めて、実際に中古車市場を知る人を打ち合わせに呼んでくれたのです。

打ち合わせが始まり、私が事業計画を説明します。

「数万円でもよいので残価をつけてほしい」という思いを込めて、事業の特徴や月1万円以下にする意義を伝えました。担当者は例によってあまり興味を示しません。そんななか、その部長がこう発言しました。

「残価をつけても大丈夫ですよ。軽自動車は10年落ちでも売れますからね」

この瞬間、打ち合わせの空気が一転しました。

その部長は、リースから戻ってきた車をさばいています。どこで、いくらで売られるか知っていますし、その場にいたリース会社の誰よりも中古車の相場について知っています。

その部長が、軽自動車は中古車でもそれなりにリセールバリューがあると証言してくれました。つまり、リース期間終了後に10年落ちとなる軽自動車に、残価をつけても大丈夫と太鼓判を押してくれたのです。この一言がきっかけになり、リース会社から軽自動車に残価をつけてもらえるようになりました。「残価はつかない」「議論の余地なし」という重苦しく、発展性のない雰囲気だった打ち合わせが、「もしかしたら面白い事業になるのではないか」という前向きな雰囲気に変わりました。

5年落ちの軽自動車、つまりそこから5年リースすることで10年落ちになる軽自動車に、残価をつけた例は日本初です。

その後、1万円以下という目標から逆算し、残価を設定しました。5年リースで月額9980円という価格に決まり、買って乗るよりも安く、既存のリースよりも安く、車の利用代からリース中のメンテナンス費用もすべて込みで使える車のサブスク「定額エコノリくん」が誕生したのです。

残存価格一覧（エコノリくんの場合）

定額エコノリくん econori　**参考資料**

定額エコノリくん返却後の残存価格（残価）

メーカー	車種 新車登録から5年以内	返却後の残存価格
SUZUKI	アルト	10万円
DAIHATSU	ミライース	10万円
SUZUKI	ワゴンR	15万円
DAIHATSU	ムーブ	15万円
NISSAN	デイズ	15万円
MITSUBISHI	EKワゴン	15万円
SUBARU	ステラ	15～20万円
HONDA	N-WGN	15～20万円
SUZUKI	スペーシア	20～25万円
DAIHATSU	タント	20～25万円
HONDA	N-BOX	20～30万円

仕入れ、販売の独自ルートを確立

さて、事業モデルが固まったら、次はサービス開始の準備です。

事業が成長していけば貸し出す軽自動車が必要になります。貸出期間を終えて返ってきた車を販売する場も必要になります。そこで、定額エコノリくんを開始したのと同じ年に、もう一つの店舗を軽自動車の買取と直販の店「軽バンク」に業態変更しました。

通常、中古車ディーラーはオークションで車を仕入れます。私もその方法で仕入れています。しかし、それとは別に自社で仕入れるルートを作ることで、より質が良い車を、オークションの相場にとらわれずに仕入れられます。結果、オークションを通さない分だけ安く仕入れることができ、その分を定額エコノリくんや販売を通じてお客様に還元できるというわけです。

お客様側から見ると、軽自動車が値崩れしにくいということは、今乗っている軽自動車が中古車市場で比較的高く売れる可能性があるということです。しかし、そのことを知っているお客様は多くありません。そのため、3、4年で売れば高く売れたはずの車を、長期で乗りつぶしてしまうケースがあるのです。

そこを伝えることができれば、お客様は高く車を売却し、新しい車を買ったり借りたりすることができます。私は年式が浅く、残価がつきやすい軽自動車を買うことができ、定額エコノリくん用の車をそろえることができます。

また、この店は買取だけではなく直販も行っています。定額エコノリくんから戻ってきた車を売る店としても活用します。中古車を買おうと考えている人は、どんな中古車か不安に感じます。前のオーナーがどんなふうに乗っていたか分からないからです。

その点、定額エコノリくんで使用した車であれば、誰が、どのように乗っていたか分かります。貸出期間中のメンテナンスも自社で行っていますから、私は自信をもって販売できますし、お客様は安心して買うことができます。これもカーライフの負担軽減の一部です。

軽自動車を仕入れ、貸し出し、返却済みの車を安価で提供できる仕組みを作ることで、中古車を安く買いたい人、借りて乗りたい人、高く売りたい人に喜んでもらえる事業に成長していくことになったのです。

マーケティングフロー（実践例）

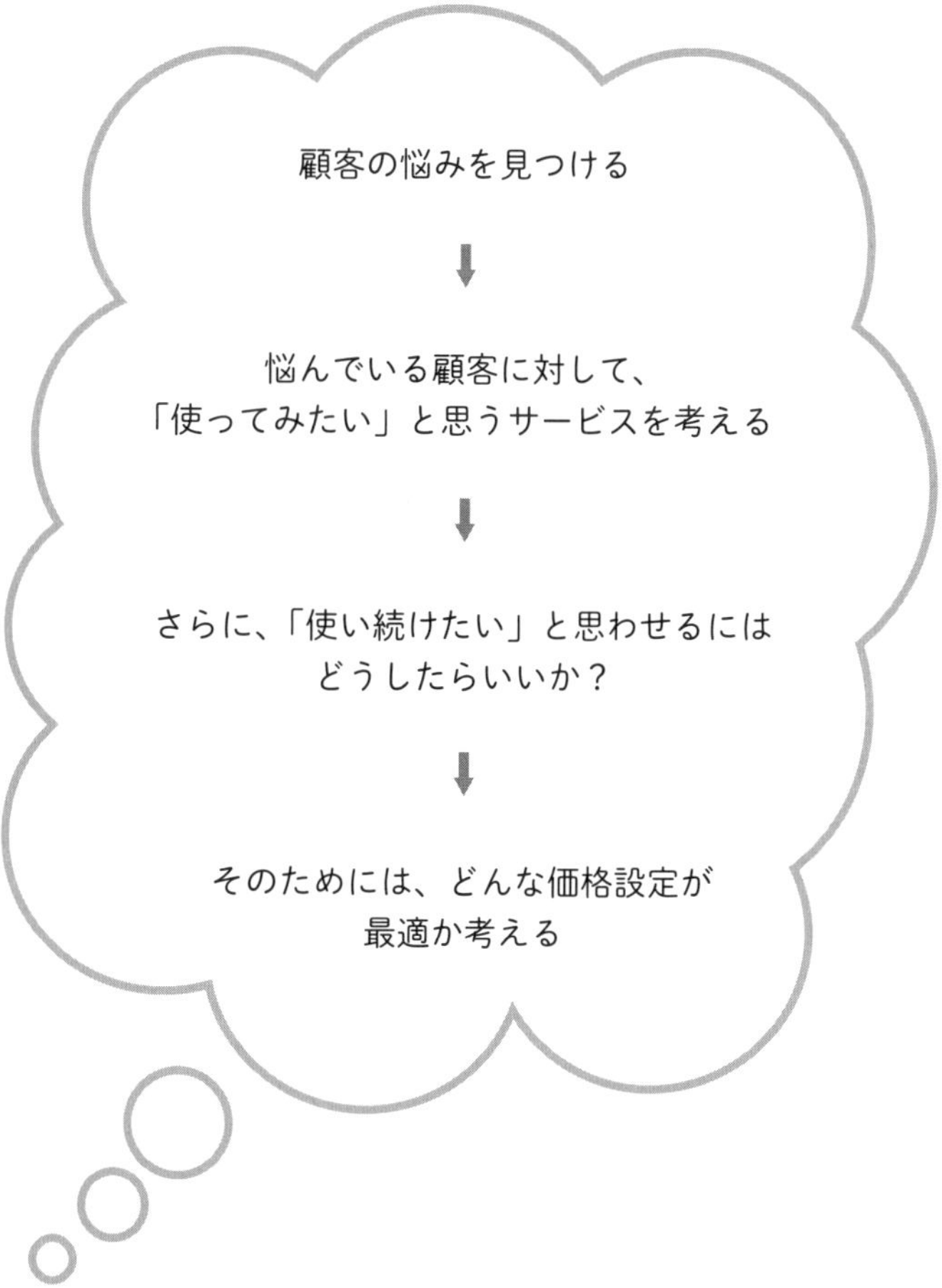

当社資料より作成

第5章

野立て看板、チラシ、のぼり旗——田舎の顧客を囲い込むセールスプロモーション

ファンにしたい人は誰か

定額エコノリくんができたのは２０１２年のことです。ホップ、ステップからジャンプに至り、過去にない、まったく新しい自動車の乗り方が提案できるようになりました。

次の課題は、認知されていないサービスをどうやって広めていくか、つまり広告戦略です。独自性が高い新しい事業モデルを、より多くの人に知ってもらい、使ってもらうためのポイントは３つです。

1 誰に訴求するか
2 どの広告手段を使うか
3 何を伝えるか

まずは「誰に訴求するか」です。定額エコノリくんの場合、この点は、事業作りを模索し始めた頃から明確でした。

私が向き合っているのは、地域の人たちです。車を手放せない環境で暮らし、カーライ

プロモーションの種類

マスメディア広告
テレビ、ラジオ、新聞など
インターネット広告
リスティング広告、
アフィリエイト、SNSなど
リアルプロモーション
イベント、装飾、
デジタルサイネージ設置、
グッズの制作など
動画
サイネージでの放映など

フの負担（費用、手間、時間）を軽くしたいと思っている人たちのことを考えて、お客様が喜び、笑顔になるサービスを作ろうと思ったことがスタートです。

この時点ではまだ、お客様は「借りて乗る」という手段があることを知りません。生活必需品である車に乗るためには、現金で一括で買うか、ローンを組んで買うしかないと思っていますし、借りて乗ったほうが費用などの面でお得になることも知りません。そのせいで、お客様は今日も車に乗るための負担を抱えています。だとすれば、借りて乗る方法があることをいち早く知ってもらう必要がありますし、それが広告の役割です。広告を通じ、借りて乗る方法を提案することは、サービスを考え出した私の使命でもあります。

サービスを作るだけでは、実は事業としては片手落ちです。そのサービスを知ってもらい、使ってもらうきっかけを作り、カーライフの負担が軽くなったと実感してもらうところまで到達して、ようやくサービスを作り出した意味と価値が生まれるということなのです。

また、このサービスは、単発的に使ってもらうだけでなく、長期的に使い続けてもらうことによってお客様のメリットが大きくなっていきます。故障の心配をしたり、車検や修理のために入庫の手続きをしたり、そのために手間と時間を掛けるといった負担が軽くなるのがこのサービスの特徴です。

仮に車に掛ける費用が1年間で1万円減るとしたら、5年で5万円、10年で10万円とメリットが大きくなっていきます。手間や時間についても同じです。事業としても、お客様に使ってもらい、なおかつ、使い続けてもらうことで収益が安定します。

そう考えると、このサービスを訴求する相手は、このサービスのファンにしたい人であり、ファンになる可能性がある人といえます。それがどういう人で、どんな生活をしている人なのかを具体的にするために、私は「誰に」についてもう少し深く考えてみることにしました。

利用者を具体的に想像

事業の案を構想していたときから数年が経ち、紆余曲折ありながらもサービスの中身が固まりました。このサービスが、どんなふうに、どんな点でカーライフの負担軽減をもたらすかも明確になりました。

そのメリットを喜んでくれるお客様を具体的に想像すると、利用者の姿が明確になり、訴求する相手が見えやすくなります。それが効果的な広告を考えることにもつながります。

例えば、このサービスは定額制ですので、車に乗るためのまとまったお金が不要です。そう考えると、収入や家計状況の面で、教育費の負担が大きかったり、住宅ローンの返済などを抱えている若めの夫婦が喜んでくれるだろうと想像できます。

また、メンテナンス全般を私たちが引き受けることにより、故障や修理の不安を軽減しているという点では、日常生活で車が手放せない人、つまり、車が故障したり使えなくなったりすると困ってしまう人にとってメリットが大きいといえます。その例としては、車で通勤している人、子供の習いごとや病院への送り迎えがある人などが挙げられるでしょう。

費用負担が軽くなり、月々の家計管理がしやすくなるという点では、男性よりも女性のほうが魅力を感じてくれるかもしれません。夫婦や家族世帯の場合、女性が家計を管理していることが多いからです。

男性と比べ、女性は車のメンテナンスについて分からない人が多いため、その点でも女性に支持されやすいサービスといえます。このように、利用者の姿を掘り下げ、ライフスタイルや価値観などを浮き上がらせていくことをマーケティングではペルソナ（設定）といいます。

年代や性別で大まかにターゲットを決めることもできますが、利用者を詳細に見ていくことにより、このサービスのどこに価値があり、どこを強く訴求していくのがよいかが見えやすくなります。お客様の心に刺さるメッセージを決めたり、どんな媒体で訴求するのがよいかといった広告戦略のポイントも絞り込みやすくなるのです。

絞り込み過ぎるのは逆効果

訴求したい相手が決まりました。

次に考えるのは、お客様に届きやすい広告手段を考えることです。ただ、その段階に進もうとしたとき、ある疑問が浮かびました。それは、訴求する相手を絞り込むことが、果たして正解なのだろうか、ということです。このサービスを喜んでくれるのは、カーライフの負担を軽くしたいと思っている人たちです。それは間違いありません。

ただ、その点からお客様の姿を連想していくと、経済的な余裕がない人や、車のメンテナンスについて分からない人に絞り込むことになります。見方を変えると、経済的に余裕がある人や、車に詳しい人を、お客様の対象から外すことになります。そこに疑問を感じたのです。

例えば、100円ショップは安さがウリの事業です。安さという点から考えると、経済的な余裕がない人がお客様ということになります。しかし、実際にはお金持ちも100円ショップで買い物をします。お金持ちのなかに100円ショップのファンもたくさんいます。このサービスも同様に、安く乗れることや、手間や時間を抑えられることは、幅広い層の人にメリットをもたらします。

つまり、その可能性を見ず、経済的な余裕がない人に絞り込んでしまうことで、お金持ちのお客様を除外してしまうことになるわけです。そう考えると、お客様の属性を絞り込み過ぎるのは危険です。「誰に」について深く考えることが、利用者の広がりを妨げてしまうことになります。マーケティングの教科書的にはターゲットの選定が重要です。消費者全員が満足するサービスは作れませんし、ターゲットを絞ったほうが訴求効果が高い広告を考えやすくなります。

しかし、それは既存の類似サービスがある場合の話です。このサービスのように市場に前例がない場合、誰が、どんな点に興味をもつか分かりません。定額エコノリくんのサービス特性として、「高級車に乗りたい」「フェラーリを買いたい」などと思っている人には響かないでしょうが、それ以外の人であれば、属性やライフスタイルを問わず、ファンになる可能性があります。

顕在化していないニーズが掘り起こせるかもしれません。その結果、まったく予想していない属性の人がファンになってくれるかもしれません。その可能性があるなら、わざわざターゲットを絞り、可能性を排除する必要はないでしょう。

つまり、誰がファンになるか分からない以上、ターゲットは定義できず、ファン層も定義できないということです。そのことに気がついて、それ以上ターゲットを明確にするのをやめました。

サービスをスタートさせれば、誰が、どんな点を評価しているかが徐々に見えてきます。その様子を見つつ、「こんな点が評価されているのか」「こんなふうに使っているのか」といったデータを集め、広告戦略を磨いていこうと決めたのです。

安さを伝えるならチラシが良い

次に考えたのが、2の広告手段について、つまり、どんな媒体で広告するかです。広告媒体には複数の選択肢があります。

例えば、テレビ、ラジオ、新聞といったマスメディア広告が検討できますし、折込チラシやダイレクトメールを配ったり、雑誌や地域のフリーペーパーに広告を出すこともできます。インターネット広告も主要な広告媒体になっています。そのなかでも、リスティング広告やアフィリエイトなど細かな種類がありますし、最近はブログ、ＹｏｕＴｕｂｅ、ＳＮＳ（Ｆａｃｅｂｏｏｋ、Ｉｎｓｔａｇｒａｍ、ＬＩＮＥ、Ｔｗｉｔｔｅｒなど）を活用する例も増えています。中古車ディーラーは車に乗る人がメインのお客様ですので、街道沿いや店舗の看板など、運転中に目に留まるものも重要な広告手段です。逆に、車業界とはあまり縁がありませんが、電車の中吊りや駅などに貼るポスターもあります。

通常、広告媒体を選ぶ場合にはターゲットの属性を踏まえます。例えば、女性がターゲットなら女性誌に出稿する、若い層を狙うならインターネットを中心に出稿するといったケースです。

しかし、このサービスについては、誰に支持されるか分からず、意外な層が評価してくれるかもしれないという可能性を踏まえて、ターゲット像はやんわり設定することにしました。

そのため、ターゲットの属性から媒体を選ぶことができません。属性の面で唯一考えたのは、車に乗る人が対象であるため、街道沿いで、運転中に見えるところに看板を出したり、のぼり旗を立てたり、という方法くらいです。それ以外については地域性から考えることにしました。

そこで選んだのが、新聞の折込チラシです。都市部と比べると、地方は新聞離れがあまり進んでいません。データで見ても、東京都の1世帯当たりの部数は0・5部（2軒に1軒）ですが、長野県は0・87です（日本新聞協会〈2020年10月現在〉）。一人暮らしの人が少ないせいもあって、それなりに購読率があり、そのほかの広告媒体より費用対効果が高いのです。

また、サービス特性を考えて、チラシと相性が良いという読みもありました。このサービスは、地域の人の生活必需品を安価で提供するのが特徴です。これは生活家電と似ています。

冷蔵庫や洗濯機のような家電は、機能に細かくこだわる人もいますが、できるだけ安く買いたいという人が多数です。そういう人を狙って新聞には家電量販店の折込チラシが多く挟み込まれますし、実際、チラシは安く買うための主要な情報源にもなっています。定額エコノリくんも、必需品に掛けるお金をできるだけ抑えるという点で家電に近いため、安い家電を探そうと考えている人に、安い移動手段があることを知ってもらう手段としてチラシが良いと考えたのです。

また、カーライフの負担軽減という視点から見ると、定額エコノリくんで負担を軽減できるのは地域の人たちです。その人たちに絞って広告しようと考えたことも、配布エリアを選択できるチラシを活用した理由の一つです。

新事業はキーワード検索できない

広告手段に関しては、最近はインターネット媒体を中心にして戦略を考える会社が増えています。

ネット広告は、マスメディアや紙媒体と比べ、即時性が高いですし自由度も高くなります。利用者目線から見ても、何を買うにしてもまずはネット検索がスタートですから、目に留まる可能性も高くなるでしょう。そのような点を踏まえて、もちろん私もネット広告を検討しました。398専門店を展開していたときもネット広告を活用してきました。ただ、このサービスに関しては、とりあえず見送ることにしました。

その理由は2つあります。

一つは、地域の人を対象とするサービスですので、ネットで広く広告する必要がないと考えたためです。ネット広告が良いのは不特定多数の人に広く伝えられることですが、サービス立ち上げの時期においては、その必要がないと判断しました。

2つ目の理由は、まったく新しいサービスであるため、検索に引っ掛からないと考えたためです。中古車を探すのであれば、安い、価格、新車、新古車といったキーワードが浮かぶため、そのようなキーワードを想定して広告戦略を考えることができます。例えば、「中古車、長野、安い」などをキーワードにして、リスティング広告を出すといった方法が考えられます。

しかし、定額エコノリくんは新しいサービスであり、特徴も価値も存在も知られていません。キーワードを出すと、中古車、軽自動車、リース、定額、負担軽減といったことになるでしょうが、サービスそのものが知られていない状態では、これらのキーワードで検索する人もいないのです。そのため、地味な手段ですがチラシのほうが費用対効果が高いと判断しました。

まずはチラシで認知度を高めます。「借りて乗る」という手段が認知され、「どういうサービスだろう」「使ってみようかな」と思う人が増えてきたところで、徐々にネット広告を増やします。そのような順番で広告戦略を立て、まずは足元の商圏である地域での認知度を高めていこうと考えたのです。

広告手段の相性はサービス内容によって異なるため、ネット広告のほうが良い場合もあります。そのため、一概にはいえませんが、「まずネットで」という発想はいったん脇に置き、サービス特性や商圏を検討して選択するのが良いと思います。

「安さ」のアピールでは響かない

お客様が決まり、広告手段が決まれば、最後は「何を伝えるか」です。伝えたいことはたくさんあります。知ってほしいことも山ほどあります。

そのなかからどんなメッセージを重視するかにより、訴求力が変わり、サービスの認知度も変わってきます。

先に結果から話すと、私はここでつまずきます。伝えるメッセージの選択を誤り、費用と時間を無駄にしてしまうことになるのです。

さて、何を、どう間違えたのでしょうか。

最初にチラシを作成した際に、私が意識したのは「安さ」を前面に出した価格訴求でした。前述のとおり、チラシを見る人は安い家電を選ぶ目線です。その点を踏まえて、家電量販店のチラシにデザインを似せて、安く車に乗れることをアピールしました。そして出来上がったのが、派手で目立つチラシです。一目見るだけで安いということが伝わります。しかし、このチラシはほとんど反応がありませんでした。

この失敗を踏まえて、私は「安さを具体的に伝えよう」と考えました。そして、第2弾となるチラシでは「携帯電話と同等の金額で乗れる」というメッセージ広告を打ち出しました。携帯電話と比較することで、どれくらい安く、どれくらい負荷軽減になるかを伝えようとしたわけです。ところが、このチラシも思ったほど反応がありませんでした。

その後も、安く乗れることを訴求し、安く乗れるライフスタイルをイメージ広告で打ち出したりしたのですが、どれもうまくいきません。結局、細かく手を変えながら8カ月ほどにわたってチラシを打ち続けますが、どれも期待したような成果は生まず、「使ってみたい」という人が少なかったのです。

事業の背景を伝える

あとになって気づくのですが、折込チラシがうまくいかなかった原因は、どういう仕組みで、どういうサービスなのかが理解されていなかったためです。

当時はまだ「車は買って乗る」ことが大前提でした。「借りて乗る」という方法が知られていなかったため、「安く乗れる」「買うより安い」というメッセージを打ち出しても、そのような効果が出る背景が理解されなかったのです。

これは私だけに限らず、新たなサービスを打ち出す際に起きがちな失敗といえます。利用者は、安くなる、負荷軽減になるといった効果も気にしますが、なぜ、どういう仕組みで効果が生まれるのかを知りたいと思っています。また、新たなサービスが生まれた背景や事情についても知りたいと思います。そういった点を丁寧に説明しなければ、利用者は関心をもたず、既存の方法（車の場合、買って乗るという方法）を変えようとも思ってくれないのです。

この状況を打破するために、私はコンサルタントに相談します。ＣＲＭ経営、ＬＴＶの概念を教えてもらった中澤昭彦先生です。経営者の勉強会「頂道塾」を全国で主宰している先生でもあります。そして、ここで意外なアドバイスを受けます。

それは「チラシの表面に、このサービスの考え、作り出した想いや理念を文章で書きましょう」というアドバイスでした。文字は黒い字を主体にします。想いを丁寧に綴ります。文末には、私の名前を手書きで書きます。必ず顔写真を入れるように。

アドバイスどおりに作ったチラシは、見た目はほとんど手紙です。家電量販店のチラシとはまったく違い、地味で冴えないチラシでした。ところが、これが共感を呼びます。

今までの失敗はなんだったのかと感じるくらい、問い合わせが増え、来店者が増えたのです。

広告にもコト売り視点が必要

チラシの文面で私が書いたのは、このサービスを作ろうと思った考えや想いについてです。

そもそもの出発点は、車に乗る地域の人の負担を軽減したいと思ったことです。チラシにもそのことを書きましたし、そのほかの内容も、要するに、本書で書いてきた事業立ち上げの背景を簡潔にまとめたものです。

もう車にお金を掛けないでほしい。
月々均等払いなのでカーライフに掛かる費用をあらかじめ把握できる。
突然の出費で困ることがなくなる。
定額エコノリくんを創るに当たって、何を想い、何を考えたか。
このサービスの根底にある理念は何か。
カーライフの負担を軽くして、人生を豊かにしてほしい。

では、なぜこの折込チラシが刺さったのでしょうか。
振り返ってみて思うことは2つあります。
一つは「カーライフの負担軽減」というコト売りの考えが伝わったということです。
これは、車に乗る人たちのなかに、つまり市場のなかに、潜在的または顕在化したコト

実際に使用していた「定額エコノリくん」のチラシ

もう車にお金をかけないで欲しい!

私たちは、「定額エコノリくん」という日本初の新しい乗り方で、少しでも家計のお役に立てればと考えています。

車って購入してからどれくらいお金が掛かるかわかりませんよね。
多くの方が、突然の故障や車検代などで思わぬ出費で困ったことがあるかと思います。

「定額エコノリくん」とは、車両の購入費用や車検代・自動車税・メンテナンス費用を5年間分含めて、月々定額9,980円で乗れる新しい乗り方です。
「定額エコノリくん」は、平成20年式以上の高年式車で走行距離5万キロ以下の車が対象になります。

月々定額の均等払いなので、カーライフに掛かる費用をあらかじめ把握できますし、突然の出費で困ることが無くなります。
携帯電話感覚で乗れる乗り方、それが「定額エコノリくん」です。
今後、物価の上昇や消費税のアップなどによりますます家計への圧迫が予想されます。給料も昔ほど上がらず、家計においてはなるべく出費を抑えたいものです。

お客様のカーライフの負担を抑えるにはどうしたらよいか?どのような方法が良いか?月々いくらの価格がお客様にとってお得なのか?
そこで車両の選定や年式・走行距離の設定などを行い、様々な方法を模索・検討してきました。そして、構想から6年の歳月をかけて、やっとこの乗り方にたどり着きました。

私たちブロッコリーは、お客様のカーライフの負担の軽減を追求していくことを基本としています。

ブロッコリーの理念は、
1. 私たちブロッコリーの使命は、お客様のカーライフにおける「負担の軽減」と「満足度」そして「感動」を最大限にすることです。

2. クルマは実用品であり必需品です。「安い」と「安心」を形にすることこそが私たちの仕事であると考えます。

3. そのために私たちは、「中古車」を「ブロッコリーのブランド」にするために、良質な仕入れの追及を基本に、完璧な点検・清掃、を徹底して行い、お客様が安心して購入できる状態を創ることに全力で取り組みます。

4. お客様にとって経済的、健康的で地球環境に優しいカーライフを提案します。

5. 私たちは、笑顔、感謝、礼儀をモットーに誠意を尽くし接客することで、地域で一番「ありがとう」を集められるカーライフサポート店を目指します。

「もう車にお金をかけないで欲しい。」
そんな想いで「定額エコノリくん」は誕生しました。

また、月々定額1万円以下の価格設定を実現するには、大手信販会社の協力が必要でした。5年後のお車は、当社に返却して頂き、燃費の良い新しい車を乗り継いでいくことで、さらにカーライフの負担の軽減になります。
当社としては、返却された車を、格安中古車として上田市国分の軽買取1番で再販出来ます。この循環があって実現できた仕組みです。

私たちにとって車は、必需品です。今や車は、憧れと言うより生活の手段に変わりました。
だからこそ、いかに経済的でかしこい乗り方を選択することが、これからの時代にあった、かっこよくオシャレな車選びではないでしょうか?

「定額エコノリくん」で、ゆとりある生活の手助けに少しでも貢献できれば幸いです。

ブロッコリー
代表取締役 岡野茂春

の需要があったということだと考えられます。市場には「車にお金を掛けたくない」と思っている人がいます。メンテナンスを面倒だと感じている人もいます。ただ、このときまでは「買って乗る」という選択肢しかなかったため、お金、手間、時間が掛かるのは「仕方がないこと」でした。

しかし、チラシで思いを伝えたことで、「仕方ないことではない」と気づいてくれました。利用者が鬱々と不満に感じていた課題に対して、解決策を作った人がいると知ってくれました。それが共感されたことが、チラシが刺さった大きな要因です。サービスではなく理念を伝えるという点で、このチラシもモノ売りではなくコト売りに徹することができたわけです。

そう考えると、最初のチラシの反応が悪かったのも頷けます。安さを前面にアピールすることも、携帯電話と比べて魅力を伝えることも、いずれも車というモノを売る広告に見えますし、モノ売り発想の広告です。

だから、実際にはコト売りの事業なのですが、利用者にはモノ売りのチラシに見えてしまいました。モノ売り事業である家電量販店のチラシを参考にしていたのですから、そう見えて当然でしょう。

コト売り事業は、安く売っていることをアピールしても共感されません。安さがウリだとしても、安さではなく、安く使える仕組みを作ったこと、その理由、背景、想いを伝えることが重要なのです。

自分から地域に歩み寄る

理念を書いた折込チラシが刺さった2つ目の理由は「地域の人たちの役に立ちたい」という想いが伝わったからです。車の業界だけに限らないことかもしれませんが、店舗を構えてお客様を待つタイプの事業は、基本的に待ちの姿勢です。

店はここです、商品もそろっています。

用事があったら来てください。

必要なときは声を掛けてください。

そんな姿勢でお客様と接しています。

それが店舗型事業の基本姿勢なのかもしれませんが、私はそこに違和感がありました。

自分たちが目利きした商品を並べるだけでなく、お客様がどんなものを必要としているか考えて、お客様に歩み寄る姿勢がもう少しあってもよいのではないかと思っていたのです。

特に地方は車が不可欠ですから、中古車ディーラーには自然とお客様が集まります。

お客様が来ますから、待ちの姿勢がさらに強くなります。私はその環境も好きではなく、地域のお客様が寄ってくるのではなく、私から地域に歩み寄っていく姿勢が必要だと思っていました。そういう考えをもたないと、地域の人に選んでもらえませんし、地域で事業を続けることもできないだろうと思っていたのです。

このサービスは、私から歩み寄っていった結果、生まれたものです。

地域の人の負担を軽くしたい。

お金、手間、時間をセーブして、ほかのことに使い、豊かな日々を過ごしてもらいたい。

このサービスのファンになってもらい、良い関係を築きたい。

そういう想いが根底にありますし、その想いが強かったから、事業作りに奮闘できたのです。

このような想いは、事業の特徴を伝えるだけの広告では伝わらなかったでしょう。

理念を掲げ、地域に対する想いを綴ったからこそ、「単なるリースの新商品ではなさそうだ」「この社長は地域の力になろうとしている」といったことが伝わったのだと思います。

そう考えると、このサービスを使ってくれている人たちは、サービスの支持者であるとともに、その根底にある理念に共感し、支持してくれている人といえます。つまり、サブスクは長期的な継続利用によって収益が伸びます。長く使ってくれるファンを増やしていくことが事業の成功の鍵です。

そのためには、サービス内容を工夫し、充実させることも重要ですが、サービスの根底にある理念のファンになってもらうことがさらに重要です。サービス内容は時代やニーズによって変わりますが、理念は基本的には変わらないものです。理念のファンになってくれた人は、時代が変わってもファンであり続けますので、長期で使い続けてくれますし、応援してくれます。

つまり「何を伝えるか」の答えとしては、事業やサービスの特徴を伝えることよりも、なぜこの事業ができ、どんな想いでサービス化したかを伝えることが重要ですし、特に新しい事業モデルやサービスを世の中に打ち出すときは、理念を伝え、共感してくれる人を増やすことが、広告戦略のもっとも重要なポイントなのです。

第6章

顧客の悩みを分析すれば、コト売り時代のマーケティングが見えてくる

全国に広がる「定額エコノリくん」

定額エコノリくんをスタートしたのは２０１２年のことです。これまで紹介してきたとおり、地方の小さな町の、小さな中古車ディーラーが始めたサービスでした。以来、利用者は順調に増え続けています。サービスエリアも全国に広がり、定額エコノリくんを取り扱ってくれる中古車ディーラーも増えてきました。

事業が成長した要因としては、カーライフの負担を軽減できたことを喜んでくれる人が多く、ファンが増えたことが大きかったといえます。また、サービスの特徴が「モノからコト」や「所有から利用」のトレンドにマッチしたことや、サブスクという言葉が流行り、「車も借りて乗る時代」と考える人が増えたことも成長の追い風になった要因です。

重要だと感じたことは３つです。

1 サービス内容を分かりやすくする

事業作りは複雑な仕事です。ただ、事業そのものはシンプルなほうが良く、シンプルで分かりやすいサービスであるほど、利用者は使い勝手が良く、メリットを感じやすくなります。

2 事業モデル＝モノの前にコトを作る

モノ売りからコト売りの時代に変わっていくなかでは、変化に合わせて事業モデルを見直す必要があります。コト売りとは分かりやすく言うと「お客様のお困りごとや用事を解決すること」です。そのうえでどんなコトを売るか明確にすることが重要ですし、どんなコトを売るかが事業の明暗を分けます。

3 理念を固める

利用者は、サービスそのものを評価し、サービスの根底にある理念を支持します。誰のため、なんのためのサービスなのかを理念として明確にすることで、より深いところで利用者の心をつかむことができます。

分かりやすいから安心して使える

では、一つずつ見ていきます。

まずはサービスをシンプルにすることです。シンプルであることの良い点は、利用者にとって利用するメリットが分かりやすくなること、事業者としては事業展開しやすくなることです。

サブスクが流行っているのも、「定額制で使い放題」というシンプルな事業モデルが利用者に受け入れられやすかったためといえますし、定額エコノリくんが全国展開できたのも、サービスの仕組み、利用方法、アピールポイントがシンプルだったからです。

実際、成功しているサブスクを見てみると、例えば、音楽のサブスクは定額制で分かりやすく、CDを買うよりも安く、大量の音楽が聴けるという点も分かりやすく支持されています。雑誌、書籍、動画のサブスクも、定額で読み放題、見放題というシンプルな事業モデルで、利用者にとっては利用するメリットが分かりやすく、その点が評価されています。

これらの例から分かるのは、利用者が求めているコトは、そもそもシンプルで、分かり

定額エコノリくんから見るサブスクのポイント

- **サービス内容を分かりやすくする**
  安さ、手軽さ、お得感など。すぐに契約でき、気に入らなければ簡単に解約できる点も求められる。

- **モノの前にコトを作る**
  ただ定額制にするのではなく、サブスクを通じて得られる満足感を提供することを忘れずに！

- **理念を固める**
  なんのためにその事業をするのか、ということがブレてはいけない。

やすいものだということです。

安さ、手軽さ、お得感などはシンプルなニーズです。そのようなニーズが満たせることを、分かりやすく伝えることが重要ですし、「分かりやすい」と実感できる仕様にしておくことが重要だということです。

また、分かりやすさは安心感を生みます。これも事業として成功するうえで重要なポイントといえるでしょう。サブスクは月々の利用料金が定額ですから使い過ぎる心配がありません。これは安心感です。食べ放題、飲み放題の店も、「いくら食べても、いくら飲んでも定額」という点が安心感を生んでいます。契約についても、手続き方法や利用条件などが分かりやすいほど、安心感が高まり、利用者が増えやすくなるはずです。

例えば、スマホなどから簡単に加入でき、不要になったら簡単にやめられるようにしておくことや、予約方法や使い方を簡素化することが分かりやすさを生みます。

簡単にやめられる設計にすることは、事業者としては怖いことです。しかし、ユーザーの逃げ道を用意しておくことは大事です。なぜなら、それが安心につながるからです。

安心感という点では、成功しているサブスクが一部のサービスを無料で提供しているのも、サービスの特徴を分かりやすく実感してもらうための手法といえるでしょう。

新しいサービスや画期的なサービスほど、内容、魅力、価値などが分かりづらく、伝わりづらいという難点があります。しかし、無料であれば安心して試せます。サービスを気に入り「もっと使いたいと」感じたら、有料会員になってたくさん使うという道があることも、あらかじめ分かりやすく説明されています。

つまり、「どういうサービスだろう」「気に入るかどうか分からない」といった心理的なハードルを越えてもらうために、試せる、気に入らなければいつでもやめられるといった出口を分かりやすく伝え、安心感を高めることが重要なのです。

分かりやすさを維持する

サービスが支持される理由の一つが「分かりやすさ」であるとすれば、サービス内容を向上させていく際も、その点は守っていくことが重要です。

例えば、新聞（定期的、定額という点でサブスクです）は、朝刊か、朝刊と夕刊のセットか、2通りの料金設定です。居酒屋の飲み放題（定額で飲み放題という点でサブスクです）も、時間内であれば基本的に何を飲んでも良いサービスになっています。このようなサービス内容に余計な手を入れると、分かりやすさが失われ、サブスクとしての魅力も低下します。

例えば、基本料金のほかにたくさんのオプション料金を組み合わせて料金設定を複雑にしたり、利用者の年代などによって利用料金や利用できるサービスを分けたり、利用可能なサービスをいくつもの種類に分けたりするようなケースです。そのような設計にすると、「使ってみたい」と思うユーザー候補がいても、仕組みを理解するのに苦労し、使おうと決める手前で挫折します。つまり、面倒くさいサービスになります。それを防ぐためにも、分かりやすさは維持することが大事なのです。

選択肢を増やすと運営の負荷が大きくなる

サービス内容を分かりやすくすることや、サービス向上の際にも分かりやすさを維持することは、いい換えると、余計な選択肢や機能を付け足さないということです。ここは定額エコノリくんのサービス向上でも迷ったところでした。

定額エコノリくんが支持され始めた頃、付帯サービスをいろいろと考えたことがありました。サービスの事業者としてはサービス内容を充実させたいと考えます。これは事業者目線では当然のことです。

なぜなら、そのほうがより多くの利用者にアプローチできますし、収益向上も狙えるからです。しかし、お客様が喜ぶかというと、そうとはいい切れません。

サービス内容が難しくなることで、お客様が使いづらくなったり、その結果として収益が減ることもあるからです。

マーケティングの戦略として、複数のサービスを用意することにより、収益性を高めることは可能です。

例えば、基礎的なサービスを提供する安価なベーシックプランと、より高度なサービスを提供する高額のプランを作り、高額サービスのほうに誘導していくことによってお客様のLTVを高めることができます。ただ、サービス（の種類や数）を増やすと、それだけコストも掛かります。コストが増えたら回収しなければなりませんし、コスト回収のために、解約に関する縛りを増やしたり、解約条件を厳しくするといった自社都合の条件を押し付けてしまい、利用者が離れてしまう可能性もあります。

また、サービス内容が多様化することで、サービスの仕組みや条件なども複雑になる可能性があります。

例えば、1種類だったサービスを、松・竹・梅の3種類にランク分けすると、顧客情報をランクごとに管理するという新たな手間が増えるかもしれません。ランクごとに収益率や解約率を管理する手間が増え、各ランクに向けた施策を考える必要性が生じたり、利用者に向けて発信するお得な情報などをランクごとに分ける手間が増えるなど、運営面であらゆる負荷が掛かるようになります。

この負荷に耐えられるだけの組織力があればよいのですが、少人数で切り盛りする中小企業には難しいでしょう。私はそれが難しいと考えて、選択肢や機能を増やさないことにしました。むしろ、できるだけシンプルで運用しやすい形にすることを目指しました。このサービスが全国展開できたのも、定額エコノリくんを取り扱う事業者にとって運用しやすく、負荷が小さいシンプルな事業モデルだったことが一因になっています。

コトを決めてから事業を作る

2つ目は、事業モデルではなくコト（お客様のお困りごとや用事の解決方法）を決めることです。

利用者に提供するコトが決まらないと事業としては成功しづらくなります。世の中のサブスクの失敗例を見ても、このパターンが多いといえます。事業モデルありき、つまり、利用者に提供するコトが固まっていない状態で「サブスクが流行だから」という理由だけで見切り発車してしまったり、モノ売り目線で販促する延長線としてサブスクを始めてしまうようなケースです。

サブスクが成功する要因は、サブスクだからではありません。サブスクで提供する満足感＝コトが利用者に評価され、支持されるからです。そこをきちんと押さえておくためにも、提供するコトを決めて、それをサブスクの事業モデルに落とし込むという順番が大事です。

そもそもサブスクは、利用者を長期的に獲得することによって成り立つ事業モデルです。長期で使い続けてもらうためにはコトを磨く必要がありますし、そこがサブスクの生命線ともいえます。そう考えると、提供するコトが曖昧な状態、または決まっていない状態で、いきなりお客様をサブスクの長期利用に囲い込むことはできません。

ですから、まずはコトを決めます。次に、分かりやすさ、試しやすさ、メリットを実感できるかどうかを考えながら、サブスクとして提供します。その結果、気に入ってくれる人が現れ、サブスクを「使い続けてくれる」ようになるというのが本来の流れなのです。

試しながら正解に近づく

では、コトはどうやって作ればよいのでしょうか。

事業を通じて提供できるコトは多種多様ですが、例えば、お客様の困りごとは何か、不便に感じていることは何かを想像してみることです。事業をしている地域で考えることもできます。自分が感じている困りごとから考えることもできるでしょう。

私はそのような視点で考え、「カーライフの負担軽減」というコト売り事業を起こしました。

「世の中はきっと、こんなコトを求めているはず」

「こんなコトが事業になるかもしれない」

そのようなアイデアが実際に事業になるかどうかは分かりません。困りごとは分かったけど解決策が浮かばないといったこともあるでしょう。それは事業作りでは当たり前のことです。

お客様の悩みや課題と向き合い、どんな解決策が提供できるか悩んでいった先に、事業化の可能性や、事業化するためのヒントや改善点が見えてくるものなのです。

「こんなコトを求めているはず」という仮説を立てたら、できることからやってみて、試行錯誤しながら、答えに近づいていくしかありません。

私自身、最初は「カーライフの負担軽減」＝「安さ」の追求からスタートしています。事業としても、０円中古車があり、３９８専門店があり、定額エコノリくんのサービス開始に至るまでに10年間の試行錯誤がありました。

この経験からいえることとは、試していくと道が開けてくるということです。モノがなかった時代と違い、今は消費者のニーズが多様化しています。ふとした思いつきで試してみた事業（や、事業の卵のような取り組み）が、意外と市場に支持されたり、面白いと思ってもらえたりすることがあります。

そこを手掛かりにして、お客様が求めているコトは何か、どうすればコトの価値を高められるかと考えていくと、事業化に向けて前進でき、事業内容が具体的になっていきます。

小さな悩みごとに商機あり

コト売りのヒントを探すのであれば、中小企業の場合は、市場の小さな課題や悩みに目を向けることが重要かもしれません。誰もが想像できるようなコト売りは、すでに誰かが事業化しています。少なくとも、事業化しようと取り組んだはずです。事業化できそうなコト売りは、競合が増えますし、やがて企業体力がある大手企業が参入し、中小企業は負けてしまうでしょう。

「安さ」のコト売りがその一例です。利用者は安さを求めます。どの業界にも「安く買いたい」「高くて困っている」といったニーズはありますから事業化できる可能性も大きいといえます。

しかし、事業者側から見ると市場のプレーヤーが増え、価格競争が起きます。大量仕入れ、大量生産、大量在庫、大量販売ができる大手が参入してきたら、資本力がない中小企業は太刀打ちできないでしょう。

一方、市場には手付かずで放置されている小さな課題や悩みがあります。それぞれの業界の固定概念により、「その領域は儲からない」「そんな小さな課題を解決してもお金にならない」「費用対効果が悪い」と思われていることが、たくさんあると思っています。それが商機です。誰も手を付けていないブルーオーシャンであり、その領域に一番乗りすることで、先行者利益が狙えます。

地域の特有の課題なら、解決手段を提供することで地域との結びつきも深くなります。

地方の人に向けたカーライフの負荷軽減も、当時は手付かずの状態でした。サブスクに近い事業モデルとしてリースはありましたが、カーライフの負荷軽減というコト売りはできていませんでした。月1万円以下で車を提供するという発想も、当時は突拍子もないことでした。これが大きな商機になったのです。

経営戦略のランチェスターの法則で、大手企業はメジャーな市場を資本力を武器にして攻めるのが効果的であり、中小企業はその逆で、マイナーな市場で局地戦を考えるのが良い、という基本戦略があります。コト売りのブルーオーシャンを狙う考え方として、これは中小企業にとって重要なポイントです。

大企業の場合も、これから新規事業を立ち上げるのだとすれば、市場のなかでは弱者ですから、小さな課題や悩みの解決を考えることが重要といえるでしょう。トヨタ自動車のKINTOが苦戦する一方で、定額エコノリくんが伸びている要因の一つも、「車の維持費が高い」「メンテナンスの手間を省きたい」といった小さな課題を想定し、局地戦でサービスを考え出したことがポイントだと思います。

組み合わせを考える

コトのアイデアを出す方法として、既存の事業やサービスの組み合わせも考えてみるとよいかもしれません。事業を作るということは、何もないところから斬新なアイデアで、革新的なサービスを生み出すイメージをもつ人が多いと思います。しかし、それは不可能ではないものの、かなり難易度が高い取り組みです。

それよりも、既存のサービスの改善点を考えたり、改善のために別のサービスの長所や仕組みを組み合わせるほうが取り組みやすいですし、それが結果として新しい事業の創出につながることも多いのです。

シュンペーターという人の言葉に、「イノベーションは新結合」という一文があります。新規事業を生み出すようなイノベーションは、既存の生産方法を組み替えたり、新たな要素を取り入れることによって実現できるといった意味です。

車のサブスクを例にすると、当時は業界にない新しい事業モデルでした（そもそもサブスクという言葉も知られていませんでした）。

ただ、事業そのものは、すでにあったリースの進化版です。安く仕入れる仕組みや、リースを終えて返却された車を直販する仕組みなどを組み合わせたことが事業創出の大きな鍵になっていますが、中古車を安く仕入れる自社買取の仕組みや、中古車を直販する仕組みは決して新しいものではありません。

事業の作り方においても、「1万円以下にする」という点では、「とにかく安く」を追求した0円中古車の取り組みが生きていますし、売値を決めてから仕入れる398専門店の事業も生きています。つまり、組み合わせなのです。または、困りごとの組み合わせを考えてみることもできるでしょう。

定額エコノリくんは、最初は「車にお金が掛かる」という困りごとから安価な移動手段を提供しようと考えましたが、その後、メンテナンスの手間や、故障の不安といった困りごとも含め、最終的にカーライフの負担軽減にたどり着いています。これも、費用、手間、時間に関する困りごとの組み合わせといえます。

市場の困りごとは一つではありません。困りごとの解決が事業創出のチャンスを生み出すとすれば、市場には無数の困りごとがあり、事業創出のチャンスも無数にあるといえます。数ある困りごとのなかで、自分が解決できそうなものや、解決したいと思うものを選び出し、関連性が高いもの（例えば、安さ、手間、時間の軽減など）を組み合わせてみることも、コト売りのアイデアを出す出発点になるでしょう。

事業の理念を明らかにする

新たな事業創出で重要だと感じたことの3つ目は、事業やサービスの理念をしっかり固めることです。理念は、哲学、思想、想いなどといい換えてもよいかもしれません。要するに、なんのために事業をするのか、なんのためにこのサービスを作り、広めるのか、ということです。

どんな事業も、成功するかどうかを決めるのは市場です。サービスの良し悪しを評価するのも市場です。そのため、新たな事業やサービスを作るのであれば、それが市場にどう役立ち、どんな課題を、どんなふうに解決するのかを明らかにすることが大事です。

それを分かりやすくまとめたものが理念です。

車を例に考えると、中古車ディーラーが「車を売ること」は理念にはなりません。それは事業内容であり、モノの提供が企業の存在意義ではないからです。重要なのは、「なぜ車を売るのか」です。

例えば、あるディーラーは「交通弱者を0にする」という目的を掲げ、車を売っているかもしれません。「車に乗る楽しさを広めたい」と考えるディーラーもいますし、「移動手段を活性化して、地域経済を発展させたい」と考えるディーラーもいます。

つまり、「車を売る」という事業は同じでも、その根底にある考えは違います。そこを掘り下げることで、理念が見えやすくなります。

モノ売りからコト売りに転換するうえでも、理念を明確にすることが重要です。なぜなら、世の中にあるすべてのモノ売り事業が、モノを売ることによって、コトを提供しているはずだからです。

コトは、例えば、便利さ、おいしさ、楽しさなどです。私の場合は、維持費や手間が掛からない車を提供しています。費用が安くなると家計が楽になります。浮いたお金でおいしいものを食べに出掛けたり、旅行をしたり、家族や友人と楽しく過ごす時間が増えます。一言でいえば、ＱＯＬ（Quality of Life・生活の質）の向上です。車はそのためのツールであり、事業はそのための手段です。その考えを言語化したのが「カーライフの負担軽減」という理念なのです。

「なぜ売るのか」「その根底にどんな想いがあるのか」と考えていくと、それが事業モデルを大幅に転換するきっかけになる場合もあります。

私がそのパターンで、車に乗る人の負担を軽減するという理念が固まった結果、車を売る事業から貸す事業に向かうことになりました。その点においても、商品はツール、事業は手段です。重要なのは「世の中にどんなコトを提供するか」です。それを言語化した理念が自分たちの存在意義を表しています。

理念が世の中に共感されるのであれば、理念を踏まえた事業やサービスも世の中に支持されます。その結果、事業は成長しますし、社会との結びつきも強くなるのです。

理念作りは経営者の役割

事業の根底に理念があり、理念がサービス内容に反映されるという点から見ると、経営者にとって重要なことは、事業やサービスを作ることより、まずはきちんと理念を作ることいってよいでしょう。理念さえ固まれば、自然と事業のあるべき姿が見えてきます。サービス内容もできていきます。

事業化やサービス化の部分は誰かに任せることができますが、理念は経営者が作らなければなりません。理念が曖昧な場合は明確にして、理念がない場合は作り出すことが、経営者の役割であり、使命であるということです。これは大変な役割ですが、私自身の経験として、大変ではありますがつらくはありません。社長は自分しかいませんし、理念作りは自分にしかできないことです。そう考えると、責任感をもって取り組めます。

「こんな価値を提供したい」「世の中の人にこんなふうに貢献したい」と考えることで、自分の仕事のやりがいが強く実感できるようになり、仕事そのものが楽しくなるものなのです。

理念によって仕事が楽しくなるのは社員も同じです。業種や業界を問わず、仕事をしていて楽しく感じるのは、お客様に感謝されたり、喜んでもらったりしたときです。

しかし、現実は楽しいことばかりではありません。モノ売り事業をしていると、「高い」「安くして」といった交渉が多く、そのやりとりで気持ちが荒みます。社内には販売ノルマがあり、上司からプレッシャーを掛けられたり、数字が伸びずにストレスを抱えたりします。

その結果、なんのために仕事をしているか見えなくなり、つまらなくなるのです。

しかし、理念がきちんと理解できていれば、「なんのため」で迷うことは減ります。社員が理念を理解するということは、自分の仕事の価値を認識するということです。そのため、面倒な業務や大変な作業があったとしても、それを乗り越える意欲が湧きやすくなりますし、お客様に感謝されたり、喜んでもらったときに、やりがい、手応え、楽しさも実感しやすくなります。

つまり、理念を固めることは、お客様の悩みや困りごとの解決につながるだけでなく、社員が抱えがちな「仕事がつまらない」「やりがいが感じられない」といった悩みを解決することにもつながっていくということです。

組織が良くなり成長するサイクル

理念が社内で理解され、浸透することによって、仕事の取り組み方が変わり、組織が良くなっていく可能性もあります。

中古車ディーラーの仕事で考えると、現金をもったお客様が来店し「この車をください」と言えば、そこで商談成立です。その時点で売上が立ち、利益が確定しますので、ディーラーとしては満足です。効率的に稼ぐという点から見ると、そういうお客様が増えることが理想ともいえます。

しかし、「カーライフの負担軽減」という理念があると、そこであえて「なぜ現金で買うと決めたのですか?」「現金のほうが高くなりますけど、現金でよいのですか?」「なぜその車種がよいと思うのですか?」など、車の専門家として、お客様の本当の望みを探し出して負担が軽減できる最適な車選びを提案できます。

「購入するよりも維持が楽です」「費用、手間、時間が軽減できます」といったことを伝えて、「車は買って乗るもの」と思っているお客様に「借りて乗る」という新しい選択肢を知ってもらい、そのメリットに気づいてもらうことができます。

お客様にとってはどちらが良いでしょうか。

「定額で乗る」ことのメリットを知ることで、負担を抑えることができます。「定額エコノリくんを検討してみてはどうですか」という提案により、自分が「車にお金が掛かり過ぎる」「もっと安く乗れないだろうか」といった悩みを抱えていたと気づくこともあります。

その結果、お客様が喜んでくれれば「教えてくれてありがとう」「おかげで負担が減った」といった反応が得られます。提案した社員としても、そのような反応を得ることで自分の仕事に誇りがもてます。喜んでもらった実感により、さらに自信をもって提案できるようになります。

「楽に売れればいい」と考えている人には、この提案はできません。モノ売り視点から見ると効率良く売ることが重要ですから、「現金で買う」と言っている人に、わざわざ定額エコノリくんを提案する必要はないと考えます。定額エコノリくんを提案する労力や、仕組みやメリットを説明する時間が無駄だと考えてしまいます。

つまり、理念が理解されているかどうかによって、仕事の取り組み方が変わるのです。

積極的に提案し、楽しそうに仕事をしている社員が現れると、その様子を見た周りの社員も「楽しそうだな」「自分も近づこう」と考えます。その結果、「売れればいい」と考えていた組織が、「積極的にお客様の役に立とう」と考える組織に変わっていきます。

地域では、例えば、借りて乗る方法を知ったお客様が満足し、「あのディーラーは親切」「親身になって提案してくれた」と評価してくれます。その評価が広がっていくことで地域に支持される会社になっていきます。良い会社と評価されれば、良い働き手も入ってきます。このサイクルが生まれると、組織は勝手に成長していきます。サイクルの発端がどこだったかというと、理念を作ることであり、社内全体で共有することなのです。

外内両方に向けたマーケティングが重要

理念作りや理念の浸透といった社内向けの取り組みは、インナーマーケティングと呼ばれるマーケティングの一つです。

コト売りの時代では、自分たちが提供したい（できる）コトを言語化し、理念として社外に伝えることが重要です。

一方で、社内に対しても理念などを伝え、自分の会社、事業、サービスの価値を認知してもらうことが重要です。なぜなら、お客様と接するのは現場の社員ですし、事業を磨くアイデアも社員が出してくれるからです。

社長が「コト売りに変わっていこう」「お客様の悩みごとを解決しよう」と旗を振ることは大事です。しかし、現場の社員がモノ売り視点の仕事をしていると、お客様には伝わらず、支持されません。このギャップを埋めるのがインナーマーケティングの役割です。

また、モノ売りからコト売りに変わっている現状を踏まえると、社内に発信するメッセージも変えていかなければならないでしょう。従来は、「たくさん売ろう」「効率良く売ろう」といったメッセージが社員を奮起させたかもしれません。それはそれで今も重要なことかもしれませんが、コト売り時代では営業力や販売力を高めることよりも、お客様の悩みに寄り添い、お客様の課題を理解する力が重視されます。

そのため、たくさん売ることより、より深くお客様を知ることのほうが重要です。効率良く売る方法を考えることより、課題解決の方法を考えることのほうが重要です。そのようなメッセージを伝えていくことで、会社はコト売り時代に適合した組織に変わることができ、お客様に支持される事業やサービスも生まれやすくなります。

お客様に対しては、自分たちが目指す姿や、自分たちが提供できる価値（コト）を発信し、外向きのマーケティングを行います。社員に対しては、自分たちに求められている役割や、自分たちの存在価値を発信し、内向きのマーケティングを行います。

このような視点で、外内両方との接し方を変えていくことが、コト売り時代に必要なマーケティングなのです。

おわりに

「サブスク時代を予見していたのですか？」

定額エコノリくんが軌道に乗り始め、そのような質問を受けることが多くなりました。

答えは「いいえ」です。

私は予言者ではありませんし、本書で説明してきたとおり、このサービスを作った当時、世の中にはサブスクという言葉（事業モデルという意味でのサブスク）すらありませんでした。

安く乗るなら借りるほうがいい。

そもそも買う必要もないのではないか。

そのようなことを理詰めで考えていくうちに、事業が形になりました。

そこにサブスクの追い風が吹き、市場があとからついてきたのです。

振り返ってみると、サブスクが世の中になかったことが良かったのかもしれません。

当時の世の中がサブスク流行りだったとしたら、私はそのトレンドを意識して、事業モデルありきで考えてしまったかもしれないからです。

「消費者のニーズは意識したのですか」

これもよく聞かれる質問です。しかし、やはり答えは「いいえ」です。

市場の動向や消費者のトレンドを気にしていた時期もありましたが、それは中古車を販売していたときのことです。

このサービスは市場に関係なく、自分の「あったらいいな」と思うものを作ろうという意識で作ってきました。感覚としては作品作りに近いといえます。

強いていうなら、自分のなかに「安く乗りたい」「カーライフの負担を軽減したい」という潜在的なニーズはありました。

それは20代の頃に感じたことです。

つまり、このサービスのタネは20代の頃から自分のなかにあり、長い時間を掛けてようやく花開いたというわけです。これから事業を作ろうとしている皆さんも、事業のタネは自分のなかにあるかもしれません。

トレンドではなくニーズでもなく、消費者である自分の感覚に耳を傾けて、事業を作ってください。そして、焦らず、諦めずに事業を育て、地域を良くし、世の中を良くしていきましょう。

【著者プロフィール】

岡野茂春（おかの・しげはる）

株式会社ガイアスジャパン代表取締役
1968年、長野県生まれ。東京工科大学工学部卒業後、株式会社メイテックに入社するも、父親の会社が倒産したことで、若くして借金を抱え長野に帰省することとなる。
的屋業、ラーメン屋、塾講師のアルバイトを掛け持ちし、借金を返済しながら日銭を稼ぐ日々を送る。結婚を機に製造業へ転職、現場業務、法人営業を経験したのち、Web企画会社に入社する。
人生を模索するなかで、今も尊敬する師匠との出会いを通して自動車業界に参入、2006年7月株式会社ガイアスジャパンを設立する。

本書についての
ご意見・ご感想はコチラ

なぜ大手の自動車メーカーは失敗し、田舎の車販売店がサブスクで成功できたのか？

2021年7月28日　第1刷発行

著　者　　岡野茂春
発行人　　久保田貴幸

発行元　　株式会社 幻冬舎メディアコンサルティング
〒151-0051　東京都渋谷区千駄ヶ谷 4-9-7
電話　03-5411-6440（編集）

発売元　　株式会社 幻冬舎
〒151-0051　東京都渋谷区千駄ヶ谷 4-9-7
電話　03-5411-6222（営業）

印刷・製本　瞬報社写真印刷株式会社
装　丁　　古矢伊織

検印廃止

Printed in Japan
ISBN 978-4-344-93264-7 C0034
幻冬舎メディアコンサルティングＨＰ
http://www.gentosha-mc.com/